U0178020

设计牵头EPC工程
总承包模式探索与实践

——以哈尔滨工业大学深圳国际设计学院项目为例

总策划　唐建伟

主　编　刘启友　高冠新　万梁龙

副主编　廖志强　连志刚　何　平　黄喜明　曾玉华

中国建筑工业出版社

图书在版编目（CIP）数据

设计牵头 EPC 工程总承包模式探索与实践：以哈尔滨工业大学深圳国际设计学院项目为例/唐建伟总策划；刘启友，高冠新，万梁龙主编；廖志强等副主编.——北京：中国建筑工业出版社，2023.9

ISBN 978-7-112-29015-4

Ⅰ.①设… Ⅱ.①唐… ②刘… ③高… ④万… ⑤廖… Ⅲ.①建筑工程—承包工程—项目管理—研究—中国 Ⅳ.①TU723

中国国家版本馆 CIP 数据核字（2023）第 148011 号

EPC 工程总承包是当前正在推行的建设管理模式，建筑师负责制则能有效发挥工程设计的作用。本书将 EPC 工程总承包与建筑师负责制相结合，提出设计牵头 EPC 工程总承包模式的理论框架，并且以哈尔滨工业大学深圳国际设计学院项目为例，详细阐述设计牵头 EPC 工程总承包模式的具体实施措施，提炼经验做法，为业界提供参考。

责任编辑：徐仲莉
责任校对：党　蕾
校对整理：董　楠

设计牵头 EPC 工程总承包模式探索与实践
——以哈尔滨工业大学深圳国际设计学院项目为例
总策划　唐建伟
主　编　刘启友　高冠新　万梁龙
副主编　廖志强　连志刚　何　平　黄喜明　曾玉华
＊
中国建筑工业出版社出版、发行（北京海淀三里河路9号）
各地新华书店、建筑书店经销
北京建筑工业印刷有限公司制版
建工社（河北）印刷有限公司印刷
＊
开本：787 毫米×960 毫米　1/16　印张：9　字数：139 千字
2024 年 1 月第一版　　2024 年 1 月第一次印刷
定价：**55.00 元**
ISBN 978-7-112-29015-4
（41299）

设计牵头 EPC 工程总承包模式探索与实践
——以哈尔滨工业大学深圳国际设计学院项目为例
编写委员会

总策划：唐建伟

主　编：刘启友　　高冠新　　万梁龙

副主编：廖志强　　连志刚　　何　平　　黄喜明　　曾玉华

编　委：刘敬超　　韩华平　　周　睿　　熊晓晖　　陈　智

　　　　李斯达　　林玉娜　　姜海洋　　赖伟杰　　梁文婷

　　　　彭腾龙　　郜鹏程　　付明龙　　张长昊　　林浩鑫

　　　　夏巨伟　　郑　辉　　赵军峰　　袁晓伟　　潘凤贤

　　　　寇　涵　　王忠胜　　罗　炜　　蔡勝宇　　肖笛成

　　　　丁　伟　　李良杰　　宫春阳

序　言

　　我国建筑业快速发展，建造能力不断增强，产业规模不断扩大，对经济社会发展、城乡建设和民生改善作出了重要贡献，但也要看到，建筑业仍然大而不强，监管体制机制不健全、工程建设组织方式落后等问题较为突出，为此，《国务院办公厅关于促进建筑业持续健康发展的意见》（国办发〔2017〕19号）提出完善工程建设组织模式，加快推行工程总承包，政府投资工程应完善建设管理模式，带头推行工程总承包，按照总承包负总责的原则，落实工程总承包单位在工程质量安全、进度控制、成本管理等方面的责任。

　　为响应国家高质量发展战略号召，推进建筑业转型升级，各省市地区纷纷发展改革创新，积极进行完善、创新工程建设组织模式，推行工程总承包。在全面开启建设中国特色社会主义先行示范区新征程的重大背景下，2022年4月深圳市住房和建设局会同市发展和改革委员会联合发布《深圳市现代建筑业高质量发展"十四五"规划》，在主要任务中提出"创新工程组织模式，提升现代建筑业管理水平，大力推行工程总承包，支持工程总承包企业发展，开展工程总承包优秀企业和优秀项目的评选活动，通过树立先进典型发挥引领示范作用，积极采取'IPMT＋EPC＋监理'的工程建设管理模式，推进建筑师负责制，新增一批建筑师负责制试点项目并开展阶段性评估工作"，对建筑业高质量发展作出全面部署和总体安排，指导深圳建筑业改革与发展。

　　哈尔滨工业大学（深圳）国际设计学院项目是深圳市建筑师负责制试点项目，也是广东省住房和城乡建设厅跟踪指导项目。此项目的建设单位为深圳市建筑工务署教育工程管理中心，设计施工总承包单位为中国建筑西南设计研究院有限公司、中国建筑第八工程局有限公司，全过程咨询单位为五洲工程顾问集团有限公司，造价咨询单位为深圳市建星项目管理顾问有限公司。通过该项目的试点，创新组织架构发挥"设计"的主导作用，建立统筹机制发挥各参建单位在各自的领域优势，提升 EPC 项目的管理能效。《设计牵头 EPC 工程总承包模式探索与实践——以哈尔滨工业大学深圳国际设计学院项目为例》，为后续类似项目提供了参考借鉴案例。

2024 年 4 月 10 日

前　言

党的二十大报告提出："高质量发展是全面建设社会主义现代化国家的首要任务"，并对"加快构建新发展格局，着力推动高质量发展"作出战略部署。习近平总书记指出："高质量发展，就是能够很好满足人民日益增长的美好生活需要的发展，是体现新发展理念的发展，是创新成为第一动力、协调成为内生特点、绿色成为普遍形态、开放成为必由之路、共享成为根本目的的发展。"

长期以来，政府投资项目面临投资规模大、建筑类型多、工期紧等挑战。传统建筑行业采用粗放承包模式，容易导致设计与施工相脱节，出现合作各方推诿扯皮等现象发生，导致部分项目出现投资效率低下和投资浪费现象。近年来我国积极推行 EPC 工程总承包，探索 EPC 工程总承包管理模式，旨在解决建设项目建设绩效低下等问题，以推动建筑行业高质量发展。

唐建伟负责本书的整体章节策划，刘启友、高冠新与万梁龙为本书主编，廖志强、连志刚、何平、黄喜明与曾玉华为本书副主编，其他编委参与本书的编辑。全书共分为四部分：第一部分是基本概念与发展概述，包含建筑业发展现状与工程总承包概述，涉及第一章与第二章；第二部分是哈尔滨工业大学深圳国际设计学院项目概况，以及本项目的重点与难点工作、设计牵头的管理创新模式，为第三章；第三部分是哈尔滨工业大学深圳国际设计学院项目设计牵头 EPC 建设管理模式实践，包括组织模式、流程创新、技术创新与操作创新等，覆盖第四章；第四部分是哈尔滨工业大学深圳国际设计学院项目设计牵头 EPC 建设管理经验与未来展望，为第五章。

全书章节内容撰写分工如下：第一章由刘启友、高冠新、万梁龙、廖志强撰写；第二章由刘启友、高冠新、万梁龙、廖志强、韩华平、周睿、熊晓晖、陈智、李斯达、林玉娜撰写；第三章由刘启友、高冠新、万梁龙、廖志强、连志刚、何平、刘敬超、姜海洋、赖伟杰、梁文婷、彭腾龙撰写；第四章由刘启友、高冠新、万梁龙、廖志强、郜鹏程、付明龙、张长昊、林浩鑫、夏巨伟、郑辉、赵军峰、袁晓伟、潘凤贤撰写；第五章由刘启友、高冠新、万梁龙、廖志强、黄喜明、曾玉华、寇涵、王忠胜、罗炜、蔡勝宇、肖笛成、丁伟、李良杰、宫春阳撰写。

本书是哈尔滨工业大学深圳国际设计学院项目设计牵头 EPC 建设管理模式的做法与经验总结。此外，限于作者的知识、精力与时间，本书撰写过程难免存在疏漏之处，恳请各位学者、同行批评指正。

目　录

第一章　引言

一、建筑业是国民经济的支柱产业

建筑业是基础性产业，是国民经济重要的物质生产部门，它与整个国家经济的发展、人民生活的改善有着密切的关系。改革开放以来，我国建筑业经历了一个高速发展的过程，建筑市场规模逐年扩大，建筑业蓬勃发展，建筑业企业❶数量随着建设规模的扩大而持续扩大。截至 2021 年末，全国建筑业企业达到 12.9 万家，同比增长 10.31%；而全国各种类型相关企业达到 226 万家。图 1-1 为 2008～2021 年建筑业企业数量与增速变化，2015 年以后建筑业企业增速逐年加快，2017～2021 年期间企业数量年均增长约 6.1%，2020 年与 2021 年增速均为 10% 以上，实现了行业规模的跨越式发展。党的十八大以来，建筑业产业集中度不断提高，特级、壹级建筑业企业市场占有率持续提升。截至 2021 年末，我国特级、壹级建筑业企业数量达到 1.6 万家，占全部建筑业企业数量的比重为 12.1%。

随着我国建筑业企业生产和经营规模的不断扩大，建筑业总产值持续增长。图 1-2 为 2008～2021 年全国建筑业企业合同额及增长率，由此可以看出，全国建筑业企业签订合同总额、新签合同额均逐年稳步增长。2021 年，全国建筑业总产值达到 293079 亿元，比 2020 年增加 29132 亿元，同比增长 11.04%，增速比上年提高了 4.80%，比 2012 年增长 1.14 倍，2013～2021 年年均增长 8.8%。完成竣工产值 134523 亿元，同比增长 10.12%；签订合同总额 656887 亿元，同比增长 10.29%，其中新签合同额 344558 亿元，同比增长 5.96%。2022 年上半年，全国建筑业企业完成建筑业总产值 128980 亿元，同比增长 7.6%。

---

❶ 建筑业企业指具有资质等级的总承包和专业承包建筑业企业，不含劳务分包建筑业企业。

（a）

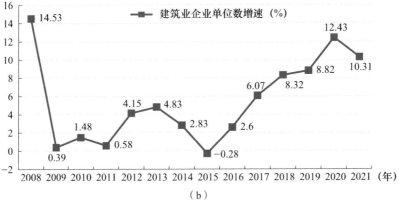

（b）

图 1-1 2008～2021 年建筑业企业数量及增速

（a）2008～2021 年建筑业企业数量；（b）2008～2021 年建筑业企业数量增速

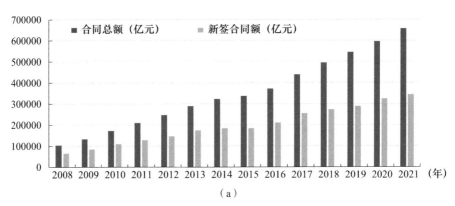

（a）

图 1-2 2008～2021 年全国建筑业企业合同额及增长率（一）

（a）2008～2021 年全国建筑业企业签订合同总额、新签合同额

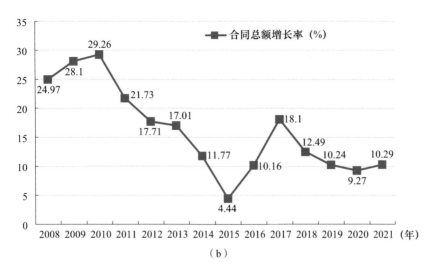

（b）

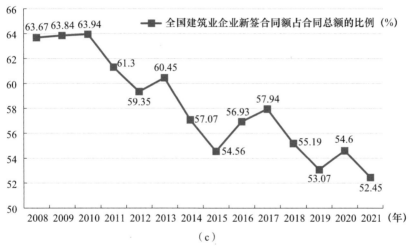

（c）

图 1-2　2008～2021 年全国建筑业企业合同额及增长率（二）

（b）2008～2021 年全国建筑业企业签订合同总额增长率；（c）2008～2021 年全国建筑业企业
新签合同额占合同总额的比例

　　2021 年，全国建筑业企业房屋施工面积 157.55 亿 m²，同比增长 5.41%；房屋竣工面积 40.83 亿 m²，同比增长 6.11%。图 1-3 为 2008～2021 年建筑业企业房屋施工面积、竣工面积及增长率，由此可以看出，房屋竣工面积基本稳定，而房屋施工面积呈现大幅度增长。

　　图 1-4 为 2008～2021 年全国建筑业企业利润情况。整体来看，建筑业企业

利润总额呈现逐年稳步增长，而利润总额增速则呈现逐年增长下降。2021 年建筑业企业实现利润 8554 亿元，同比增长 1.26%；按建筑业总产值计算的劳动生产率为 473191 元 / 人，同比增长 11.89%。2008～2017 年以来，建筑业产值利润率（利润总额与总产值之比）一直在 3.5% 左右徘徊，2018～2021 年建筑业产值利润率稍有下降。

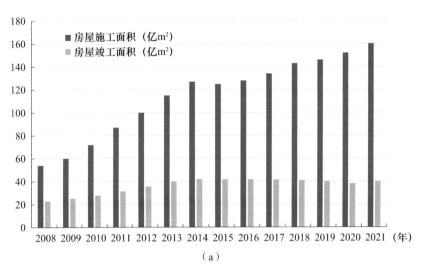

（a）

（b）

图 1-3　2008～2021 年建筑业企业房屋施工面积、竣工面积及增长率

（a）2008～2021 年建筑业企业房屋施工面积与房屋竣工面积；（b）2008～2021 年建筑业企业房屋施工面积增长率

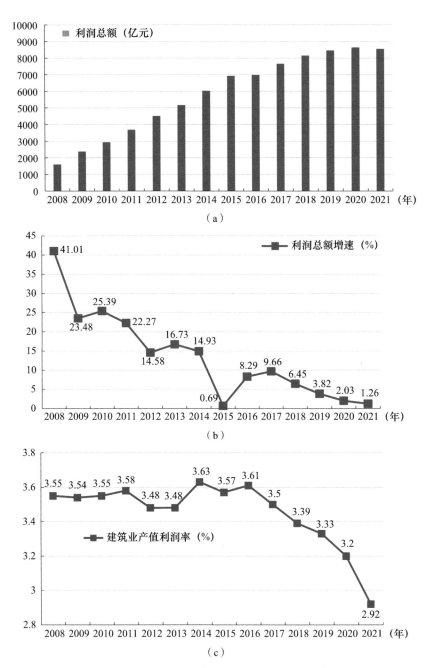

图 1-4　2008～2021 年全国建筑业企业利润情况

（a）2008～2021 年全国建筑业企业利润总额；（b）2008～2021 年全国建筑业企业利润总额增速；

（c）2008～2021 年建筑业产值利润率

建筑业产业规模不断扩大，发展效益大幅度提升，有力地支撑了国民经济与基本民生保障。2012～2021 年这十年，建筑业增加值从 3.69 万亿元增加到 8.01 万亿元，占国内生产总值的比重一直保持在 6.85% 以上，国民经济支柱产业地位持续巩固。2021 年建筑业总产值是 2012 年建筑业总产值的 2 倍多，建筑业产值比重达到 68.0%，相比 2012 年提高 5.6%。

建筑业的平稳发展不断为社会提供新增就业岗位。2021 年，全国建筑业企业用工人数达 8180 万人，在国民经济行业门类中位居第二。其中，具有总承包和专业承包资质的建筑业企业平均用工人数为 6194 万人，相比 2012 年增长 33.8%，2013～2021 年年均增长 3.3%。建筑业专业人才队伍不断壮大，执业资格人员数量逐年增加。2021 年末，全国建筑业企业工程技术人员达到 682 万人，相比 2012 年末增加 75 万人；全国注册一级建造师超过 74 万人，相比 2012 年增加 30 多万人。同时，建筑业为吸纳农村剩余劳动力、缓解社会就业压力作出了重要贡献。国家统计局农民工监测调查报告显示，2021 年末全国农民工总量 29251 万人，其中建筑业农民工从业人员占比 19.0%。

随着产业规模的不断扩大，工程设计、建造水平、工程质量安全形势、科技创新水平以及劳动者技能都在显著提升，劳动生产率达到 47.3 万元/人，相比 2012 年提高 60%。装配式建筑、建筑机器人、建筑产业互联网等一批新产品、新业态、新模式初步形成。2021 年，全国新建装配式建筑面积达到 7.4 亿 m^2，占新建建筑的比例为 24.5%。

同时，建筑业"走出去"步伐也在加快。国际竞争力显著增强，对外工程承包遍布全球 190 余个国家和地区。2013 年以来，对外承包工程完成营业额、新签合同额总体保持持续增长态势。2021 年，79 家企业入选全球最大的 250 家国际承包商榜单，企业数量和业务占比自 2014 年开始蝉联全球第一，"中国建造"品牌影响力持续提升。

二、传统建设模式不适应建筑市场发展趋势

建筑业虽然是我国国民经济的支柱产业，但是却一直存在发展方式粗放、监管机制不健全、工程项目管理模式落后等问题。随着我国城镇化水平的提高、城市群都市圈的建设发展，投资数额大、规模大、体量大、综合化、功能复杂的建设项目越来越多，工程技术日趋复杂、工程建设功能要求日益提高，工程项目管理难度也越来越大，尤其是这类项目业主对项目的投资控制和建设工期要求非常严格。

一直以来，我国绝大部分工程项目采用设计与施工相互分离的传统承发包模式。在建设早期，传统承发包模式在一定程度上提高了工程建设质量，促进了建筑业的发展。传统承发包模式为设计与施工分离，两者之间形成一种配合关系。在大型项目中，设计与施工分离容易导致设计方案的可施工性差，进而导致后期施工阶段的变更、索赔、签证增多，并且在设计与施工环节还存在施工招标投标阶段，无形中又延长了项目建设周期。对于小型项目而言，传统承发包模式有一定的优点，但是对于大型、功能复杂的建设项目采用传统承发包模式很容易导致投资控制失败、工期失控、建设项目绩效低下等问题，这种模式的弊端非常明显。

随着我国不断加快新型建筑工业化的发展、经济由高速向高质量转变以及"一带一路"倡议的实施，这种传统承发包模式在一定程度上已经无法满足我国建筑业现代化发展的需要。

三、部委积极推进 EPC 工程总承包模式

EPC 工程总承包模式是国际上一种主流且成熟的工程总承包模式。为了解决大型复杂建设项目建设绩效低下等问题，应对国际建筑市场的激烈竞争，实施"一带一路"倡议的需要，我国积极推行 EPC 工程总承包。20 世纪 80 年代初，国务院及各部委陆续出台了有关工程总承包的政策文件，旨在加快 EPC 模式的

推进，引导国内企业积极与国际市场接轨。为了大力培育国内大型工程总承包企业的实力，提高国际竞争力，各部委相继发布一系列推广工程总承包的政策文件。截至 2021 年 12 月，国务院和各部委官方网站发布的工程总承包政策文件数量如图 1-5 所示。

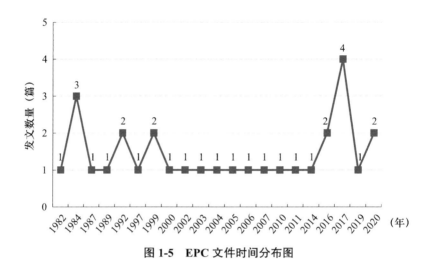

图 1-5　EPC 文件时间分布图

自 2014 年开始，住房和城乡建设部逐步开展工程总承包试点工作。2014年，住房和城乡建设部同意浙江省住房和城乡建设厅开展工程总承包试点；2016 年，住房和城乡建设部同意吉林、福建、湖南、广西、四川、上海、重庆 7 个省（自治区、直辖市）住房和城乡建设厅（建委）开展工程总承包试点。2015 年 12 月，中央城市工作会议召开。2016 年 2 月，中共中央、国务院印发《关于进一步加强城市规划建设管理工作的若干意见》，明确提出："深化建设项目组织实施方式改革，推广工程总承包制。"2017 年以后，国家推进工程总承包发展的步伐明显加快、力度加大，消除工程总承包制度障碍的政策已经逐步出台。2018 年，国家及地方出台工程总承包政策已多达 119 部，中央出台政策已多达 42 部。2019 年 12 月《房屋建筑和市政基础设施项目工程总承包管理办法》的出台更是证明工程总承包正式进入历史性"元年"。其后，为响应国家推动工程总承包模式发展的政策，各省市也相继制定出台了相关政策，推动工程总承包模式的发展，如江苏省《关于推进房屋建筑和市政基础设施项目工程总承包发展的实施意见》中要求"政府投资项目、国有资金占控股或主导地位的项目率先推行工程总承包方式""各地每年要明确不少于 20% 的国有资金投资占主导的项目实施工程总承包";济南市《关于在房屋建筑和市政基础设施领域推行工程总承包模式的实施意见》中要求大力推行工程总承包,政府和国有资金投资的房屋、市政、水利等项目以及装配式建筑,原则上应当实行工程总承包。

四、我国 EPC 工程总承包模式推行效果不佳

EPC 工程总承包模式显著的效益优势得到国外建筑工程领域的证实。2003 年,美国有一半以上的工程合同采用 EPC 模式;据美国设计建造学会(DBIA)的研究表明,截至 2015 年,EPC 模式在工程总承包市场上被应用的比例甚至高达 55%,远远超越传统建设模式规模。我国推行 EPC 模式,旨在缩短工程建设周期,提高项目综合效益,减少工程纠纷,以及促进企业转型升级、增强企业国际竞争力与影响力。推行 EPC 模式既符合工程项目组织实施方式改革的要求,又符合我国建筑业转型的发展趋势。

20 世纪 80 年代,我国开始探索工程总承包模式。EPC 模式在我国近 40 年的发展历程中取得了一定的进展,但遗憾的是,整体而言 EPC 模式在我国建筑领域仍未获得普遍认可,推行效果不甚理想,其取得的成绩也有待提升。据 2019 年中国勘察设计协会和国家统计局公布的数据显示,全国勘察设计行业完成的工程承包合同总额为 4640.72 亿元,我国建筑业总产值为 248445.77 亿元,全国勘察设计行业的工程总承包合同额仅占建筑业总产值的 1.44%[1]。

政府陆续制定并出台或发布了一系列 EPC 模式相关的法律法规和指导文件,鼓励引导采用工程建设领域采用 EPC 建设模式。由于国内设计单位大多为轻资产模式,仅承担设计业务,没有施工部门,鲜有设计院能够独立完成 EPC

---

[1] 数据来源:中国国家统计局网站。

项目；施工单位多数未配备设计部门，通常也无法独立完成 EPC 项目。在项目实践层面，由于利益分配和责任追责问题，导致设计与施工联合起来具有一定的困难。不得不承认，我国还是有相当数量的 EPC 工程总承包项目并不是真正意义上的 EPC，其实质还是 DB 模式，与传统工程流程类似，处于一种"换汤不换药"的现状，体现不出 EPC 模式缩短工期与减少成本的优势。即 EPC 实践项目数量不少，但是真正在我国工程建设领域实践应用、充分发挥 EPC 总承包优势与特点的项目非常少。因此，深入分析当前 EPC 模式在我国推广应用中存在的问题，提出适应我国国情的 EPC 建设管理模式具有非常重要的现实意义。

五、适应中国情境的 EPC 建设管理模式亟待探索

我国在推广、发展与实施 EPC 模式过程中效果不佳的问题，已经成为研究者与实践者关注的一个重要课题。EPC 模式发展与实施的效果，在一定程度上决定了建设项目的科学管理水平、项目资源优化配置水平和建筑行业市场秩序规范水平，对建筑市场升级改革起着重要作用。

传统承发包模式下，设计方与施工方分别与建设单位签订合同，是一种平行关系；由于工程建设流程，施工方处于产业链的下游，施工方与设计方之间往往不是平等关系，而是施工方有求于设计方，以便于将设计变更工作变得容易一些。而工程总承包模式是工程总承包企业按照合同约定对项目的设计、采购、施工、试运行等工作全权负责的承包模式，这种模式要求工程总承包企业同时具备设计能力和施工能力，或者组成设计与施工联合体。因而在 EPC 模式下，设计方与施工方不再是一种配合关系，而是二者组建一种新型的合作关系。这种合作关系有别于传统承发包模式下的设计与施工的配合关系、发包人与承包人之间的合作关系，也不同于一个企业内部两个部门之间的合作关系。设计方与施工方将因为同一个建设项目而组建一种新型的合作关系。

面对工程总承包的巨大市场和国内市场竞争的需要，国内大型建筑业企业

（包含设计单位、施工总承包单位）都面临转型升级的严峻考验。大型设计单位可以转型升级，开展工程总承包业务或者全过程工程咨询业务，施工总承包单位可以转型升级为工程总承包单位。转型升级必然存在收购和重组，关系着企业的生存与发展。因此，无论是从项目绩效、企业发展、建筑市场良性发展角度，都需要探索 EPC 建设管理模式。

第二章　EPC工程总承包概述

一、工程总承包及其特点

1. 工程总承包

工程总承包指从事工程总承包的单位按照与建设单位签订的合同，对工程项目的设计、采购、施工等实行全过程或者若干阶段承包，并对工程的质量、安全、工期和造价等全面负责的工程建设组织实施方式。

建筑市场的日益发展，市场及业主对工程项目的专业化、系统化、合理化的要求也越来越高，推动了工程项目总承包的蓬勃发展。特别是投资规模大、工期长、项目技术要求高的项目，工程总承包更是被广泛采用。在工程总承包模式下，业主在项目具体实施过程中，不再需要设置更多的管理部门或派遣更多的现场协调和管理人员，而是委托项目专业咨询公司和管理公司进行项目可行性研究，业主根据可行性研究成果选择工程项目的总承包商，将工程项目勘察、设计、采购及施工等工作全部委托给一家承包商进行总承包。工程总承包将项目勘察、设计、采购及施工进行有机结合，避免出现设计与施工脱节、施工不能满足设计要求等局面的发生，更方便对项目进行合理的优化设计、控制工程成本、保证工程质量，实现社会效益与经济效益最大化的目的。

工程总承包并不是一般意义上施工承包的重复式叠加，它区别于一般的土建承包、专业承包，是具有独特内涵的一种项目建设管理模式。它是一种以向业主交付最终产品服务为目的，对整个工程项目实行整体构思、全面安排、协调运行的前后衔接的承包体系。它将过去分阶段分别管理的模式变为各阶段通盘考虑的系统化管理，使工程建设项目管理更加符合建设规律和社会化大生产的要求。

2. 工程总承包的产生与发展

工程总承包最早是在美国提出并实施。1913 年，美国国内第一座电灯厂工程采用工程总承包。早期工程总承包模式多用于美国的石化工业建厂工程，如化工、矿厂等。20 世纪 60 年代后期，工程总承包模式在小规模、简单的工程中成功应用的案例越来越多。至 20 世纪 80 年代，工程总承包模式已经扩展到一般工程及公路兴建。采用工程总承包模式的项目规模从数十万美元到数亿美元。1996 年，《联邦采购条例》发布后，工程总承包模式逐渐扩展到许多领域。

20 世纪 80 年代，工程总承包开始在国际上得到业主的青睐，业主们更希望将设计、采购、施工全部交给承包方来完成。工程总承包模式占建筑市场的比例经历了持续高速的增长，总承包商的地位在不断提高，国际建筑市场的集中采购率不断提高。如英国建筑市场上，工程总承包模式的市场份额在 1984~1991 年从 5% 增至 15%；20 世纪 90 年代初，工程总承包模式已经应用于 15%~20% 的工程项目中；根据英国皇家测量师协会和里丁大学的调查研究，1996 年英国建筑市场上工程总承包模式的份额已达 30%。美国建筑市场上，传统的承包模式市场占有率已经从 1985 年的 82% 下降到 1994 年的 55%；至 1996 年，工程总承包模式占美国非住宅建筑市场的份额已经达到 24%；至 2004 年，美国 16% 的建筑企业约 40% 的合同额来自工程总承包项目，5% 的建筑企业约 80% 的合同额来自工程总承包项目。新加坡建筑市场上，1970 年新加坡政府尝试以工程总承包模式发包一些规模较小的项目；1970~1990 年，新加坡将工程总承包模式用于土木工程及一些盈利性质的工程；1990 年以后，新加坡政府决定全面推广工程总承包模式，此后工程总承包的市场份额迅速增长，从 1992 年的 1% 增长至 1998 年的 23% 以上，而 1992~2000 年，总承包模式在公共工程中的市场份额达到 16%，在私人工程中的市场份额达到 34.5%。总体而言，20 世纪 90 年代后，国际上工程总承包营业额增长非常迅速，工程总承包模式已经被建筑市场与业主认可，成为发展最快的主流建设管理模式。

就国内而言，根据中国勘察设计协会建设工程管理和工程总承包工作委员会《工程建设中开展工程总承包和项目管理的调研报告》的数据❶，全国22个行业236家工程公司或设计院的调查，1993～2001年，国内工程总承包项目已超过3409个，合同总额达2558亿元；2001年我国对外工程承包合同额为130亿美元，占国际工程承包合同额的1.3%；我国有37家设计单位进入了国际市场，承包国外项目117个，合同额约25亿美元。2001年进入美国《工程新闻记录》ENR世界顶级225家国际承包企业排名榜的中国公司已有39家，工程总承包实现了走出国门、打入国际市场。

3. 工程总承包的特点

（1）有效提高工程效率。工程总承包模式既可以让业主通过减少发包而大大提高工程效率，又可以使承包商利用自己的专业优势继续提高工程效率。传统的业主项目管理方式是针对各个环节找分包方，以至于为业主服务的合作方、施工方、勘察方、设计方、监理方都是业主的外部利益相关方，外部利益讲究利益平衡，导致效率不高，互相推诿。而工程总承包的勘察、设计、采购、施工、试运行是总承包商的内部利益关系，内部利益讲究先把事情做好再分配利益，所以效率会高。

（2）有利于优化资源配置。工程总承包模式避免了传统模式下项目部组织机构臃肿、职责繁多的现象，最大限度地优化人力资源配置，减少管理人员数量。业主方不再像以前一样有多个分包方、存在多个合同关系，现在只与一个工程总承包方存在合同关系，减少了人员纠纷和资金浪费；工程总承包方减少了时间成本的浪费，可以更好地衔接资金、技术、管理等各个环节；分包方则可以更好地发挥自己的专业能力，提高自身专业化程度。

（3）可以明显缩短工期。工程总承包模式中将采购纳入设计程序，即将设计阶段与采购工作相融合，在进行设计工作的同时，承包方就开始了采购工作，相比传统模式的先设计再采购大大节约了时间，当设计结束时，采购工作也基本结束，大大缩短了采购周期，并且工程总承包只有一个总承包商与业主签订

---

❶ 数据来源：中国勘察设计协会建设工程管理和工程总承包工作委员会《工程建设中开展工程总承包和项目管理的调研报告》。

合同，大大减少了合同纠纷以及管理所消耗的时间，缩短了工期。

（4）可以有效控制成本。一方面，业主的管理工作量在工程总承包模式下相比传统平行分包模式明显降低，业主只需经过一次招标，与工程总承包商签订合同，并且只需要管理这一份合同。其他分包商只与工程总承包商签订合同，受工程总承包商管理。因此业主在招标信息收集、合同谈判、管理协调等方面的工作量大大减少，交易成本显著降低。另一方面，在此模式下工程承包方从以前不同分包方的外部关系转换为一个工程总承包方下的内部关系，各方更愿意沟通协调，不会随意更改方案从而加大其他承包方的成本，大大降低了总成本。

二、工程总承包模式分类

工程总承包企业按照合同约定对工程项目的质量、工期、造价等向业主负责。工程总承包企业可依法将所承包的部分工作发包给具有相应资质的分包企业，分包企业按照分包合同约定对工程总承包企业负责。工程总承包主要有以下几种模式：DB（Design-Build，即设计—施工）模式、EP（Engineering-Procurement，即设计—采购）模式、PC（Procurement-Construction，即采购—施工）模式以及EPC（Engineering-Procurement-Construction，即设计—采购—施工）模式。工程总承包模式如图2-1所示。

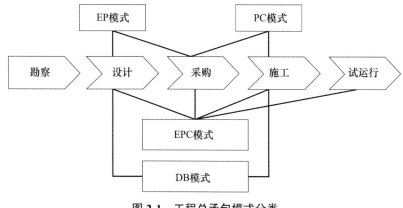

图2-1　工程总承包模式分类

2016 年，我国建筑行业开始大力推行工程总承包，主要采用"设计—采购—施工"总承包模式（EPC 模式）与"设计—施工"总承包模式（DB 模式），其中 EPC 模式又称为"交钥匙"模式，是目前最典型的工程总承包模式。

工程建设项目管理不仅涉及项目管理的理论、模式、方法和技术，而且也体现业主与承包方以及其他项目参与者之间责、权、利的合同关系，因此，建设项目管理模式是指针对整个工程中各参与方（包括业主、承包商、设计方、供应商和设备租赁商等）不同角色构建的管理架构。在项目管理模式构建过程中，需要合理地界定项目实施中各参与方的地位和职能，因而项目管理模式设计得是否清晰合理将对项目实施的效率及管理目标的实现有起着决定性影响。总体来说，在工程总承包项目层面上存在以业主和承包商为主体的两大利益阵营，各参与方之间通过合同条款来确定业务关系。非政府投资的建设项目，政府主要从规划、环境保护、技术标准、质量安全及消防方面进行控制，只要不违法，一般不应该加以干预。不同的工程项目管理模式各有其优缺点，应该根据具体情况选择最适宜的模式。

1. DB 模式

DB（Design-Build）模式，即设计—施工模式，是国际工程建设中常用的现代项目管理模式之一。《工程总承包项目管理实务指南》中对设计—施工总承包的定义为：设计—施工总承包模式是指在工程项目可行性研究或者项目初步设计完成以后，根据具体工程的施工特点，将工程项目中的设计与施工捆绑委托给一家具有设计施工总承包资质的企业，并最终对工程项目中的进度、安全、成本及质量进行全面负责，即工程项目设计施工总承包企业根据合同规定，负责设计与施工任务，并对工程项目全过程负责。

美国建筑师联合会（AIA）认为设计施工总承包是由一个机构同时负责设计和施工，并与业主签订负工程全部责任的单一契约，同时提出设计及施工报价，并在工程进行初期即获得施工委托，设计与施工有可能并行作业。

国际咨询工程师联合会（FIDIC）认为 DB 模式是由 DB 承包商负责办理全部设计施工工作，并负相应的工程责任。因此在 DB 模式的定义上，国内外基本是一致的。

（1）DB 模式组织形式

DB 模式可分为四种基本的组织形态：

① 施工方为 DB 承包商（Constructor as Prime），即以施工单位为 DB 承包商，设计机构为分包商。

② 设计机构为 DB 承包商（Architect as Prime Contractor），即以设计机构为 DB 承包商，施工方为分包商。

③ 合伙人形态（Partnership Format），设计机构与施工单位以某种程度的伙伴关系或联合承揽关系，结合为单一组织并成为 DB 承包商的形态。

④ 单一承包商形态（Corporation Format），即由一家兼具设计与施工业务能力的厂商为 DB 承包商的形态。

（2）DB 模式类型

DB 模式下的总承包类型可以从可行性研究阶段开始，也可以从初步设计阶段开始，还可以从技术设计及施工图设计开始，这样就可以将设计施工总承包划分为四种类型，如图 2-2 所示。

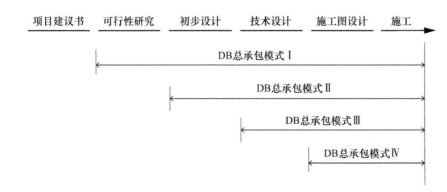

图 2-2　DB 总承包模式分类

DB 总承包模式 I 较为适合简单的中小型项目，通常其技术不复杂，工程造价较低，往往可以在开工前确定工程总投资，隐蔽工程较少、地质条件不复杂。DB 总承包模式 IV 一般针对技术非常复杂的工程，业主获得项目核准后，进行详细的可行性研究、初步设计，在完成技术设计内容后，组织人员编制完招标文件后进行招标。

2. EP 模式

EP（Engineering-Procurement）模式即设计—采购总承包模式，指工程总承包企业按照合同约定，承担工程项目的设计和采购，并对承包工程的采购和施工的质量、安全、工期、造价负责。在 EP 模式中，总承包方负责设计、设备采购等工作，业主另行委托施工方来完成土建施工、设备安装等工作。EP 总承包商与施工总承包商没有直接合同关系，他们与业主分别签订各自的合同，共同组成项目的总合同；EP 总承包商按照合同完成设计与采购，施工总承包商按照合同根据 EP 总承包商的设计和设备进行施工与安装。这一模式由于是设计方进行采购，可以很好地与制造方直接沟通，得到有特殊要求的设备，更好地满足业主需求。

EP 模式的特点：

（1）有利于减少业主工作。业主只和 EP 总承包商及施工总承包商签订合同，减少了业主面对的承包商数量，减少了业主的管理工作，给业主带来很大的方便。

（2）有利于实现业主目标。EP 总承包商负责各专业的设计及设备采购的协调管理，保证了工程建设设计、采购的连续性，减少了责任盲区，从而保证业主既定项目总目标的实现。

（3）有效减少合同纠纷。由于承包商的大量减少，从而有效地减少了合同纠纷和索赔。设计各专业间、设计与供货间的协调都由 EP 总承包商负责。

（4）有利于提高工程质量。EP 总承包商负责工程设计、设备制造、设备供货，由于设计方与制造方的直接沟通，对设备制造的特殊要求得以落实，使质量得到有效控制。

3. PC 模式

PC（Procurement-Construction）模式即采购—施工总承包模式，指工程总承包企业按照合同约定，承担工程项目的采购和施工，并对承包工程的采购和施工的质量、安全、工期、造价负责。采用这种模式主要是因为 EPC 模式中设计企业比较独立，大部分由设计院设计好。或者因为业主为了减少管理风险，将"设计—采购—施工"模式进行直接拆分，把设计环节单独分包，再把采购和施工合并分包。在 PC 模式下，有关设备选型、采购、工程施工均由总承包方来负责并承担责任。因而，PC 模式能有效避免项目投资失控、能合理利用业主方现有的人力资源和经验资源，提高工作效率，且弥补一些工程公司在工程总承包方面的不足，设备、材料采购质量更加有保障，有利于提高工程质量、缩短周期、降低工程造价。

但是 PC 模式中，若设计深度不够时，容易出现设计与采购—施工脱节的现象。这时业主方的设计协调力量必须加大，在协调不力时会影响整个项目的建设进度；在这种模式下，业主在设计协调、采购技术把关等方面参与较多，如果项目过于庞大和复杂，在业主人力资源紧张的情况下，会对项目建设的进度、质量造成一定的影响。

4. EPC 模式

EPC（Engineering-Procurement-Construction）模式即设计—采购—施工模式，指业主方委托工程总承包企业，对工程建设项目的设计、采购、施工等按照合同条款实行全过程承包的管理模式。在管理过程中，工程总承包商对费用控制、进度控制、质量控制、合同管理、安全管理、组织协调全面负责，实现整体效益最大化。与传统模式相比，交钥匙模式少了许多合同，大大减少了组织协调所消耗的时间与成本，它无须在设计采购施工阶段与业主进行多次沟通，只需要按照一开始签订的合同，全程交给工程总承包方负责。

EPC 工程总承包的主要内容：（1）在规划设计方面，工程总承包方主要负责方案设计（设备、材料选型等）、施工图及综合布置详图设计、采购与施工规划；（2）在采购方面，工程总承包方主要负责设备、材料采购、专业分包商的选择、设备订货及进场时间、储存管理、施工分包与设计分包；（3）在施工管理方面，工程总承包方主要负责土木工程施工（工期控制、多专业穿插计划、品质保证、安全控制等）、设备安装、调试的计划管理、绿化环保。

在 EPC 总承包项目中，业主希望通过成熟的工程总承包商的专业优势化解工程实施风险和提高项目效益，因此，在向工程总承包商转移风险的同时也给了工程总承包商创造价值和获取利润的机会。从工程总承包商的角度看，EPC 工程的项目管理有以下主要特征：

（1）承包商承担大部分风险。一般认为在传统模式下，业主与承包商的风险分担大致是对等的。而在 EPC 模式条件下，由于承包商的承包范围包括设计，因而很自然地要承担设计风险。此外，其他承包模式中均由业主承担的"一个有经验的承包商不可预见且无法合理防范的自然力作用的风险"，在 EPC 模式中也由承包商承担。这是一类较为常见的风险，一旦发生，一般都会引起费用的增加和工期的延误，在其他模式中承包商对此所享有的索赔权，在 EPC 模式中不复存在，这无疑大大增加了承包商在工程实施中的风险。

（2）EPC 模式的总价合同更加合理。总价合同的计价方式并不是 EPC 模式独有的，但是与其他模式条件下的总价合同相比，EPC 合同更接近于固定总价合同（如果措施项目规范调整，仍允许调整合同价格）。通常在国际工程承包中，固定总价仅用于规模小、工期短的工程，而 EPC 模式所适用的工程一般都比较大、工期比较长，且具有相当的技术复杂性。

（3）承包商对设计、采购、施工全过程控制。设计、采购、施工的统一策划、统一组织、统一指挥、统一协调和全过程控制是实现设计、采购、施工之间合理有序地进行交叉搭界的组织保障前提，即通过局部服从整体、阶段服从全过程的指导思想优化设计、采购、施工，采购被纳入设计程序，进行设计可施工性分析，以提高设计质量。通过实施设计、采购、施工全过程的进度、费用、质量、材料控制，以确保实现项目目标。

三、EPC 工程总承包模式

1. EPC 模式内涵

相对于其他承发包模式，EPC 总承包模式的典型特征是业主只与工程总承包商签订工程总承包合同。业主把工程的设计、采购、施工和调试服务工作全部委托给工程总承包商负责组织实施。签订工程总承包合同后，工程总承包商可以把部分设计采购、施工、大型设备安装调试等工作委托给专业分包商完成，专业分包商与工程总承包商签订分包合同，工程总承包商对业主负总责。EPC项目管理模式与传统管理模式对比如图 2-3 所示。

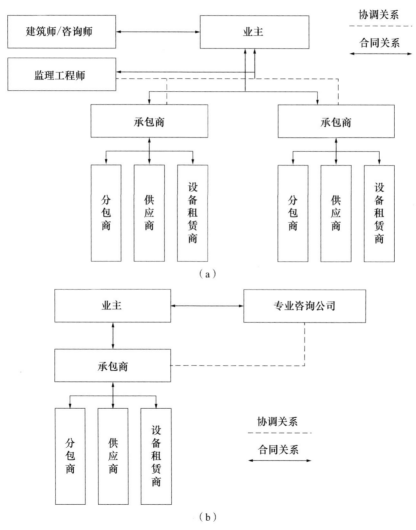

图 2-3　EPC 项目管理模式与传统管理模式对比

（a）传统项目管理模式；（b）EPC 项目管理模式

具体而言，EPC 项目管理模式与其他项目管理模式存在以下不同之处：

（1）主体关系与管理方式不同。传统施工总承包模式的建设单位需要将项目建设需要的各单位做好职责划分，建设单位与设计、施工、咨询等多个单位签订合同，对各单位同步进行管理。需要建设单位有较强的管理能力，或者委托有较强项目管理能力的代建/项目管理公司，对项目的进度、质量、安全、投资等进行全方位管理，在项目中占据绝对的主导权。EPC 工程总承包模式下，除施工监理等部分咨询单位外，建设单位仅需与工程总承包商签订合同即可，将设计、材料采购、施工、部分咨询工作打包至工程总承包商的项目管理范围内，由工程总承包商自行委托并签订合同。此模式下建设单位参与度相对较低，由主导及管理身份转化为监督身份，配合工程总承包商做好审批工作，做好方案确认并提出具体实施要求即可，充分利用工程总承包商的管理和整合能力，让渡管理权。此时，建设单位往往不再是专项分包等部分参建单位的招标方，仅提出总体要求即可。工程总承包商负责组织专项招标工作，并与其签订合同。

（2）承担风险不同。传统施工总承包模式下，建设单位及施工单位各自承担对应的风险。由于目前大多数项目采用工程量清单及单价合同，合约各方往往对计价工作中各自的任务负责并承担相应的风险，如图纸错误、设计失误、工程量计算错误的风险由建设单位承担，投标报价失误的风险由施工单位承担。EPC 工程总承包模式下，一般采取总价合同，建设单位仅提出要求即可，其承担的风险大大降低，仅承担因招标要求不明确、不完整等带来的风险。因此，建设单位在编制招标要求时应尽量完整、准确，避免后期发生合同纠纷。

（3）招标方式不同。传统施工总承包模式下，建设单位组织设计院完成施工招标图纸设计，并组织相关单位据此编制工程量清单，投标单位在建设单位提供的工程量清单的基础上计算单价并编制形成总价即可，费用测算相对清晰透明，各投标单位的报价往往相差不大。EPC 工程总承包模式下，建设单位可能不提供任何清单，仅提出建设要求、工程设计任务书、技术规格书等，需要投标单位自行理解建设单位的要求，编制工程量清单并计算成本，价格组成上相对不够透明，各投标单位的报价也许会形成"天差地别"，从而在很大程度上影响后续的履约管理。

因此，与传统承发包模式相比，完全意义上的 EPC 总承包项目的管理模式的合同关系非常简单，主要的参与方仅限于业主和一家工程总承包商两方，不再存在独立的设计方和建筑师/工程师，工程总承包商对工程的设计、采购和施工向业主负全部责任，其中专业咨询公司的主要职能是在项目前期为业主制定项目原则，帮助业主确定其对于目标工程的功能性要求（有时还包括编制工艺流程图等初步的设计文件，视具体情况而定），在 EPC 交钥匙合同执行过程中以业主代表的身份监督工程实施等。

承担 EPC 交钥匙项目的承包商一般是自身具备雄厚设计实力的工程公司、咨询公司或二者的联营体，因此绝大部分设计工作都由承包商组织内部的设计团队完成，有时也会视具体项目需要临时聘用个别的外部建筑、结构、机械、电气设计师等作为内部人员，但一般极少将设计工作大量分包给外部设计单位。一切工程实施工作都在工程总承包商的直接控制下进行。工程总承包商与供应商、分包商之间一般存在密切的长期合作关系，以便工程总承包商对工程实施采取以设计为龙头、集成化的管理。

2. EPC 模式分类

在实践中，根据工程建设项目"谁"来牵头实施 EPC 模式，将 EPC 模式分为两种类型，一种是由设计方牵头的工程总承包，另一种是由施工方牵头的工程总承包。事实上，围绕工程总承包牵头方的归属问题，20 世纪 80 年代我国就已经试点探索过，但时至今日也未能形成一个明确、统一的结论。

（1）设计方牵头 EPC 模式

设计院参与的工程总承包业务主要分为两个方面，一是设计院牵头工程总承包，即设计院与施工单位组成联合体共同承接工程总承包业务，设计院作为联合体的牵头人；二是设计院作为设计院与施工单位组成联合体的成员，主要承担工程总承包业务中的设计业务。在这种模式下，由设计企业作为建设项目的总承包商，与业主签订总承包合同。对于施工部分的工作，分为两类：一是将全部施工任务分包给一个施工企业；二是将施工任务拆分为若干个小标的后再进行分包，寻找多个分包商，并由设计方总管不同的分包商。

设计方牵头 EPC 模式具有以下优势：

第一，对工程建设的技术需求有较强的适应能力，有身处价值链上游的技术优势。设计是所有工程项目的起点，从设计图纸到施工是一个从无到有的过程，对于工艺复杂的建筑行业本身而言，技术核心的内容都把握在设计方手中。在采购施工阶段，设计方可以将自身技术优势延伸过来，技术人员能很快适应这两个阶段的建设需要，从而加快设计采购施工一体化进程。

第二，能与建设单位和业主有良好有效的沟通。相比目前仍处于劳务密集型产业的施工企业来说，设计方作为智慧密集型的代表，更容易赢得业主的信任，并且设计方的形象是高素质、高学历的员工，更容易得到业主的信任，业主也愿意与设计方进行沟通来满足自身需求；对于建设单位来说，设计方对建设单位和工程功能的需求很清楚，能有效调和与建设单位的协调问题，具有高效沟通的优势。

第三，从源头上对工程进行总体把控，可以缩短采购周期，节约施工成本和投资成本。由于整个项目是由设计主导的，因此设计方在设计过程中就可以直接进行项目各环节的统筹，以此达到总体把控的效果。

设计方牵头 EPC 模式存在以下不足：

第一，服务意识弱。由于设计方以往的业务与一线市场的联系不如施工企业紧密，导致设计方的服务意识普遍较为薄弱，对客户的服务精神不如施工企业。

第二，能力不均衡。虽然设计方的专业能力很强，但是缺乏现场管理能力，资源整合能力也不足。设计方更多偏重技术和规程规范，远离建筑市场，很少深入施工现场，导致对现场的把控能力和采购能力欠缺。

第三，承担风险大。设计院作为轻资产企业，融资能力和抗风险能力也较低。一旦项目出现问题，设计方几乎没有能力进行赔付。

（2）施工方牵头 EPC 模式

施工方牵头 EPC 模式的组织结构为施工企业作为建设项目的总承包商，与业主签订工程总承包合同，对中标项目的设计与施工全过程负责。对于设计部分的工作，分为两类：一是施工企业可以利用企业内部设计能力完成设计工作；二是施工企业可以寻找设计公司和多个分包商来承担设计任务，与自身签订合同，与业主没有相关的合同关系。

施工方牵头EPC模式具有以下优势：

第一，拥有成熟的现场管理能力。施工企业拥有强大的项目管理能力，在施工过程中遇到问题时，施工企业往往比设计企业调整起来更加灵活；此外施工企业在承接项目的时候往往会善用其资源组织能力强的特点，比设计企业更加灵活。

第二，抗风险能力更胜一筹。施工企业往往是具备一定能力的大、中型企业，拥有一定的资产，业主也往往会把项目上遇到的问题都归结于施工企业，因此施工企业应对各种风险的经验较丰富；施工企业预测风险的能力很强，由于施工企业长期处于施工现场，对作业环境熟悉，时常面对突发状况，有着丰富的施工管理经验。

第三，资源整合能力强，服务意识好。施工企业长期深入建筑市场，与建设单位接触多，在沟通和解决矛盾上经验丰富，更有利于推进工程项目的实施。

施工方牵头EPC模式具有以下劣势：

第一，难以实现自己完善设计的要求。施工企业处于价值链的下游，而在施工过程中时常需要修改设计图，施工企业又缺少设计管理人才，所以很多为了降低工程成本和加快工程进度的修改难以得到设计人员的支持。

第二，难以实现业主的要求，业主对施工企业的态度不好。由于建筑市场的特殊性，导致施工企业在业主心目中的信用处于较低的水平。这也导致即使成为工程总承包商，业主也依旧会较多参与项目，致使工程总承包项目流于形式，失去其本来的意义。

四、EPC工程总承包政策变迁

我国在20世纪80年代开始探索工程总承包模式。由于国内设计单位大多为轻资产模式，仅承担设计业务，没有施工部门，鲜有设计院能够独立完成EPC 项目；施工单位多数未配备设计部门，通常也无法独立完成 EPC 项目；由于利益分配和责任追责问题，导致两个部门联合起来具有一定的困难，所以当时表面上实施 EPC 模式，但实质上依然是 DB 模式，与传统工程流程类似，体现不出 EPC 模式缩短工期与减少成本的优势。2006 年建设部时任副部长黄卫在"推动工程总承包与对外工程承包高峰论坛"上致辞后，我国加大力度推行 EPC总承包模式。近十年来，我国更是频发相关政策，鼓励更多承包方企业探索与实施 EPC 模式。

EPC 工程总承包相关政策的文本数量和发文机构在一定程度上可以反映出EPC 工程总承包的发展趋势及程度。采用文本挖掘技术，从官方网站搜索 EPC工程总承包相关政策文件进行整理与分析：一是与工程总承包密切相关，政策文件标题或内容要直接规定和体现工程总承包的发展态势或措施；二是不仅针对工程总承包的发展，从建设管理体制、建筑业改革和发展以及项目管理等角度对工程总承包影响重大的运作市场与环境的"制度体制性改革"也包括在内。政策文献涉及我国国家立法机关、中央政府及其主要组成部门颁布的工程总承包领域的法律法规、行政法规、部门规章和规范性政策文件（规划、意见、办法、通知公告等）等文献，不计入有关讲话（带文号的除外）、工作报告、行业标准等政策文件。

1. 部委文件

图 2-4 为 EPC 相关部委文件时间分布图。从图中可以看出，1982～1984 年与 2016～2017 年为政策高密集期，中间多个时间段出现间断期（1985～1986年、1990～1991 年、1993～1996 年）或间断点（1983 年、1988 年、1998 年），表明 20 世纪 80 年代初我国开始鼓励推行 EPC 模式，但是随后相关政策出台少之又少，而至 2017 年又开始再次推行 EPC 模式。

我国陆续出台政策发展工程总承包模式，其中主要有：

（1）1982 年 6 月，化学工业部印发了《关于改革现行基本建设管理体制，试行以设计为主体的工程总承包制的意见》的通知。通知明确指出："根据中央关于调整、改革、整顿、提高的方针，我们总结了过去的经验，研究了国外以工程公司的管理体制组织工程建设的具体方法，吸取了我们同国外工程公司进行合作设计的经验，为了探索化工基本建设管理体制改革的途径，决定进行以设计为主体的工程总承包管理体制的试点。"同年在四川乐山化工厂联碱工程、江西氨厂尿素工程开展了工程总承包试点并取得成功。

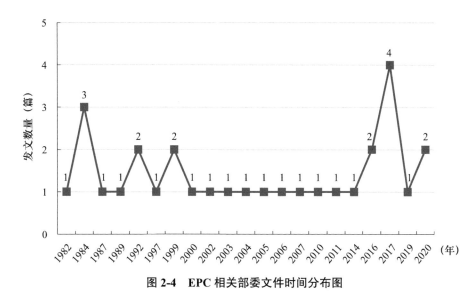

图 2-4　EPC 相关部委文件时间分布图

（2）1984 年 9 月，国务院发布《国务院关于改革建筑业和基本建设管理体制若干问题的暂行规定》（国务院〔1984〕123 号），文件要求各部门、各地要组建具有法人地位、独立经营、自负盈亏的工程承包公司。

（3）1984 年 11 月，国务院同意国家计委《关于工程设计改革的几点意见》，指出工程承包公司的主要任务是受主管部门或建设单位的委托，承包工程项目的建设。可以从项目的可行性研究开始直到建成试车投产的建设全过程实行总承包，也可以实行单项承包。

（4）1984 年 12 月，国家计委、建设部联合颁发《工程承包公司暂行办法》的通知，文件指出：组建工程承包公司可以在所属企业事业单位抽调具有工程建设经验的人员，也可以依托设计单位组成设计为主体的工程承包公司，还可以依托工程指挥部进行组建。工程总承包公司应配备熟悉业务的设计、计划、财务、经营、采购、施工监督等专业的技术经济人员。

（5）1987年4月，国家计委、财政部、中国人民建设银行、国家物资局联合颁发《关于设计单位进行工程建设总承包试点有关问题的通知》，文件要求成立12家试点单位进行工程总承包，并指出：各部门、各地区在基本建设管理体制的改革中，总结以往的经验，吸取国外的有益做法，组织一些设计单位对工程建设项目进行了从可行性研究、勘察设计、设备采购、施工管理、试车考核（或交付使用）全过程的总承包试点，发挥了设计在基本建设中的主导作用，对优化设计方案、缩短工期、控制工程投资、提高经济效益起到了很好的作用。

（6）1989年4月，建设部、国家计委、财政部等五部委联合颁发《关于扩大设计单位进行工程总承包试点及有关问题的补充通知》，通知明确指出：设计单位进行工程总承包时，设计单位的等级（设计证书等级）必须与所承包的工程项目的规模大小一致，且只负责勘探设计、设备采购、施工招标、发包、项目管理、质量监督和试车考核，不直接从事施工，不必领取施工执照。

（7）1992年4月，建设部颁发《建设部关于印发〈工程总承包企业资质管理暂行规定〉》（建施字第189号），文件明确指出将工程总承包企业按照资质条件分为三级。

（8）1992年11月，建设部颁发《设计单位进行工程总承包资格管理的有关规定》，文件明确了设计单位进行工程总承包的资格，并进行资格管理，设计单位提出申请，经有关勘察设计管理部门审查批准并取得《工程总承包资格证书》后，可承担批准范围内的总承包任务。《工程总承包资格证书》与工程设计资格等级相一致，分甲、乙、丙、丁四级，由建设部统一印制。

（9）1997年11月，《中华人民共和国建筑法》通过，其第二十四条中提倡对建筑工程实行总承包，禁止将建筑工程肢解发包。建筑工程的发包单位可以将建筑工程勘察、设计、施工、设备采购一并发包给一个工程总承包单位，也可以将建筑工程勘察、设计、施工、设备采购的一项或者多项发包给一个工程总承包单位；但是不得将应当由一个承包单位完成的建筑工程肢解成若干部分发包给几个承包单位。

（10）1999年8月，建设部颁发《关于推进大型工程设计单位创建国际型工程公司的指导意见》，明确了国际型工程公司的基本特征和条件，提出要用五年左右的时间，将一批有条件的大型工程设计单位创建成为具有设计、采购、建设总承包能力的国际型工程公司，积极开拓国内、国际工程承包市场，并制定了创建国际型工程公司的政策与措施。

（11）1999年12月，《国务院办公厅转发建设部等部门关于工程勘察设计单位体制改革若干意见的通知》（国办发〔1999〕101号），要求将勘察设计单位由现行的事业性质改为科技型企业，使之成为适应市场经济要求的法人实体和市场主体，要参照国际通行的工程公司、工程咨询设计公司、设计事务所、岩土工程公司等模式进行改造。勘察设计单位改为企业后，要充分发挥自身技术、知识密集的优势，精心勘察、精心设计，积极开展可行性研究、规划选址、招标代理、造价咨询、施工监理、项目管理和工程总承包等业务。

（12）2000年4月，《国务院办公厅转发外经贸部等部门关于大力发展对外承包工程意见的通知》（国办发〔2000〕32号）。意见指出：要充分认识发展对外承包工程的重要性；进一步加大开拓国际市场的力度；实施大企业战略；建立健全对外承包工程法规，完善监管手段和措施，保证工程质量，维护良好的经营秩序；采用经济手段支持对外承包工程的发展并加强对其的领导。

（13）2002年11月，《国务院关于取消第一批行政审批项目的决定》（国发〔2002〕24号）取消了工程总承包资格核准的行政审批。

（14）2003年2月，建设部发布《关于培育发展工程总承包和工程项目管理企业的指导意见》（建市〔2003〕30号）。文件规定，工程总承包资格证书废止之后，对从事工程总承包业务的企业不专门设立工程总承包资质。鼓励具有工程勘察、设计或施工总承包资质的勘察、设计和施工企业，在其勘察设计或施工总承包资质等级许可的工程项目范围内开展工程总承包业务。工程勘察、设计、施工企业也可以组成联合体对工程项目进行联合总承包。

（15）2004年11月，建设部发布《关于印发〈建设工程项目管理试行办法〉的通知》（建市〔2004〕200号），办法里规定了项目管理企业的资质、从事工程项目管理的专业技术人员的资格、工程项目管理业务范围以及项目管理的一些细则。

（16）2005 年 5 月，建设部发布国家标准《建设项目工程总承包管理规范》GB/T 50358—2005，该规范主要适用于总包企业签订工程总承包合同后对工程总承包项目的管理，对指导企业建立工程总承包项目管理体系、科学实施项目具有里程碑意义。

（17）2006 年 7 月，建设部办公厅发布《关于做好〈建设工程项目管理规范〉宣贯培训和实施工作的通知》（建办市函〔2006〕470 号），通知指出新修订的《建设工程项目管理规范》GB/T 50326—2006 将于 2006 年 12 月 1 日起正式实施。

（18）2007 年 3 月，建设部发布《关于印发〈施工总承包企业特级资质标准〉的通知》（建市〔2007〕72 号），通知明确了企业申请特级资质的条件。

（19）2010 年 11 月，住房和城乡建设部根据《建筑业企业资质管理规定》（建设部令第 159 号）、《施工总承包企业特级资质标准》（建市〔2007〕72 号）和《关于印发〈建筑业企业资质管理规定实施意见〉的通知》（建市〔2007〕241 号），组织制定了《施工总承包企业特级资质标准实施办法》，进一步推动工程总承包的发展。

（20）2011 年 9 月，住房和城乡建设部、工商行政管理总局颁布《建设项目工程总承包合同示范文本（试行）》，明确工程总承包合同双方的权利与义务，为我国工程总承包领域合同范本与招标行为确立了初步规范。

（21）2014 年 7 月，《住房城乡建设部关于推进建筑业发展和改革的若干意见》（建市〔2014〕92 号），倡导工程建设项目采用工程总承包模式，鼓励有实力的工程设计和施工企业开展工程总承包业务。

（22）2016 年 2 月，中共中央 国务院印发《关于进一步加强城市规划建设管理工作的若干意见》，提出要深化建设项目组织实施方式改革，推广工程总承包。

（23）2016 年 5 月，《住房城乡建设部关于进一步推进工程总承包发展的若干意见》（建市〔2016〕93 号），对工程总承包项目的发包阶段、工程总承包企业的选择、工程总承包项目的分包、工程总承包项目的监管手续等作出相应规定。提出建设单位在选择建设项目组织实施方式时，优先采用工程总承包模式。

（24）2017年2月，《国务院办公厅关于促进建筑业持续健康发展的意见》（国办发〔2017〕19号），提出"加快推行工程总承包"和"培育全过程工程咨询"。

（25）2017年4月，《住房城乡建设部关于印发建筑业发展"十三五"规划的通知》（建市〔2017〕98号），列举了建筑业存在的主要问题，提出形成一批以开发建设一体化、工程总承包为业务主体、技术管理领先的龙头企业。

（26）2017年5月，住房和城乡建设部发布了国家标准《建设项目工程总承包管理规范》GB/T 50358—2017，并于2018年1月1日开始实施。

（27）2017年7月，《住房城乡建设部办公厅关于工程总承包项目和政府采购工程建设项目办理施工许可手续有关事项的通知》（建办市〔2017〕46号），通知中明确了工程总承包项目施工许可的细则。

（28）2019年12月，为贯彻落实《中共中央 国务院关于进一步加强城市规划建设管理工作的若干意见》和《国务院办公厅关于促进建筑业持续健康发展的意见》（国办发〔2017〕19号），住房和城乡建设部、国家发展和改革委员会联合印发《房屋建筑和市政基础设施项目工程总承包管理办法》。文件要求：工程总承包单位应当设立项目管理机构，加强设计、采购与施工的协调，完善和优化设计，改进施工方案，实现对工程总承包项目的有效管理控制，工程总承包（EPC）项目经理应当熟悉工程技术和工程总承包项目管理知识以及相关法律法规、标准规范，并具有较强的组织协调能力和良好的职业道德。

（29）2020年8月，住房和城乡建设部等部门联合印发《住房和城乡建设部等部门关于加快新型建筑工业化发展的若干意见》（建标规〔2020〕8号），意见指出：大力推行工程总承包。新型建筑工业化项目积极推行工程总承包模式，促进设计和生产、施工深度融合。引导骨干企业提高项目管理、技术创新和资源配置能力，培育具有综合管理能力的工程总承包企业，落实工程总承包单位的主体责任，保障工程总承包单位的合法权益。

（30）2020 年 12 月，为促进建设项目工程总承包健康发展、维护工程总承包合同当事人的合法权益，住房和城乡建设部、国家市场监督管理总局制定印发《建设项目工程总承包合同（示范文本）GF—2020—0216》（以下简称《示范文本》）。《示范文本》自 2021 年 1 月 1 日起执行，原《建设项目工程总承包合同示范文本（试行）》GF—2011—0216 同时废止。《示范文本》适用于房屋建筑和市政基础设施项目工程总承包承发包活动，为推荐使用的非强制性使用文本。

上述一系列指导性文件和规定，标志着我国工程总承包改革和发展的进程，大大推进了我国工程总承包模式的发展。表 2-1 为 EPC 相关部委文件及其推进 EPC 工程总承包的核心要点。

EPC 相关部委文件及其核心要点　　　　　　　　　　　表 2-1

序号	发文部门	文件名	核心要点
1	原化学工业部	《关于改革现行基本建设管理体制，试行以设计为主体的工程总承包制的意见》	决定进行以设计为主体的工程总承包管理体制的试点
2	国务院	《国务院关于改革建筑业和基本建设管理体制若干问题的暂行规定》	要求各部门、各地要组建具有法人地位、独立经营、自负盈亏的工程承包公司
3	原国家计委	《关于工程设计改革的几点意见》	工程承包公司的主要任务，是受主管部门或建设单位的委托，承包工程项目的建设
4	原国家计委、建设部	《工程承包公司暂行办法》	工程承包公司可以在所属企业事业单位抽调具有工程建设经验的人员，也可以依托设计单位组成设计为主体的工程承包公司，也可以依托工程指挥部进行组建
5	原国家计委、财政部、中国人民建设银行、国家物资局	《关于设计单位进行工程建设总承包试点有关问题的通知》	要求成立 12 家试点单位进行工程总承包

续表

序号	发文部门	文件名	核心要点
6	原建设部、国家计委、财政部等五部委	《关于扩大设计单位进行工程总承包试点及有关问题的补充通知》	设计单位进行工程总承包时，设计单位的等级（设计证书等级）必须与所承包的工程项目的规模大小一致，且只负责勘探设计、设备采购、施工招标、发包、项目管理、质量监督和试车考核，不直接从事施工，不必领取施工执照
7	原建设部	《工程总承包企业资质管理暂行规定》	将工程总承包企业按照资质条件分为三级
8	原建设部	《设计单位进行工程总承包资格管理的有关规定》	明确了设计单位进行工程总承包的资格，并进行资格管理
9	中华人民共和国第八届全国人民代表大会常务委员会	《中华人民共和国建筑法》	明确提出倡导实行工程总承包模式
10	原建设部	《关于推进大型工程设计单位创建国际型工程公司的指导意见》	明确了国际型工程公司的基本特征和条件
11	原建设部、国家计委、国家经贸委、财政部、劳动保障部和中编办	《关于工程勘察设计单位体制改革的若干意见》	要求将勘察设计单位由现行的事业性质改为科技型企业，使之成为适应市场经济要求的法人实体和市场主体
12	原外经贸部、外交部、国家计委、国家经贸委、财政部、人民银行	《关于大力发展对外承包工程的意见》	要充分认识发展对外承包工程的重要性；进一步加大开拓国际市场的力度；建立健全对外承包工程法规；采用经济手段支持对外承包工程的发展并加强对其的领导
13	国务院	《国务院关于取消第一批行政审批项目的决定》	取消了工程总承包资格核准的行政审批
14	原建设部	《关于培育发展工程总承包和工程项目管理企业的指导意见》	工程总承包资格证书废止之后，对从事工程总承包业务的企业不专门设立工程总承包资质。工程勘察、设计、施工企业也可以组成联合体对工程项目进行联合总承包

续表

序号	发文部门	文件名	核心要点
15	原建设部	《建设工程项目管理试行办法》	规定了项目管理企业的资质、从事工程项目管理的专业技术人员的资格、工程项目管理业务范围以及项目管理的一些细则
16	原建设部	《建设项目工程总承包管理规范》GB／T 50358—2005	该规范主要适用于总包企业签订工程总承包合同后对工程总承包项目的管理
17	原建设部	《关于做好〈建设工程项目管理规范〉宣贯培训和实施工作的通知》	通知指出新修订的《建设工程项目管理规范》GB／T 50326—2006 将于2006 年 12 月 1 日起正式实施
18	原建设部	《施工总承包企业特级资质标准》	明确了企业申请特级资质的条件
19	住房和城乡建设部	《施工总承包企业特级资质标准实施办法》	组织制定了《施工总承包企业特级资质标准实施办法》，进一步推动工程总承包的发展
20	住房和城乡建设部、原工商行政管理总局	《建设项目工程总承包合同示范文本（试行）》	明确了工程总承包合同双方的权利与义务，为我国工程总承包领域合同范本与招标行为确立了初步规范
21	住房和城乡建设部	《住房城乡建设部关于推进建筑业发展和改革的若干意见》	倡导工程建设项目采用工程总承包模式，鼓励有实力的工程设计和施工企业开展工程总承包业务
22	中共中央　国务院	《关于进一步加强城市规划建设管理工作的若干意见》	要深化建设项目组织实施方式改革，推广工程总承包
23	住房和城乡建设部	《住房城乡建设部关于进一步推进工程总承包发展的若干意见》	提出建设单位在选择建设项目组织实施方式时，优先采用工程总承包模式
24	国务院办公厅	《国务院办公厅关于促进建筑业持续健康发展的意见》	提出"加快推行工程总承包"和"培育全过程工程咨询"
25	住房和城乡建设部	《建筑业发展"十三五"规划》	列举了建筑业存在的主要问题，提出形成一批以开发建设一体化、工程总承包为业务主体、技术管理领先的龙头企业
26	住房和城乡建设部	《建设项目工程总承包管理规范》GB／T 50358—2017	制定了建设项目工程总承包管理新规范并于 2018 年 1 月 1 日开始实施

序号	发文部门	文件名	核心要点
27	住房和城乡建设部办公厅	《住房城乡建设部办公厅关于工程总承包项目和政府采购工程建设项目办理施工许可手续有关事项的通知》	明确了工程总承包施工许可和政府采购工程建设项目施工许可的相关细则
28	住房和城乡建设部、国家发展和改革委员会	《房屋建筑和市政基础设施项目工程总承包管理办法》	工程总承包单位应当设立项目管理机构，加强设计、采购与施工的协调，完善和优化设计，改进施工方案，实现对工程总承包项目的有效管理控制
29	住房和城乡建设部部门	《住房和城乡建设部等部门关于加快新型建筑工业化发展的若干意见》	大力推行工程总承包。新型建筑工业化项目积极推行工程总承包模式，促进设计和生产、施工深度融合。引导骨干企业提高项目管理、技术创新和资源配置能力，培育具有综合管理能力的工程总承包企业，落实工程总承包单位的主体责任，保障工程总承包单位的合法权益
30	住房和城乡建设部、国家市场监督管理总局	《建设项目工程总承包合同（示范文本）GF—2020—0216》	适用于房屋建筑和市政基础设施项目工程总承包承发包活动，为推荐使用的非强制性使用文本

2. 地方文件——以广东省为例

（1）广东省建筑业发展现状

广东省为建筑业大省，2021 年广东省工程建设行业总产值为 21345.58 亿元，相比 2020 年增长了 15.82%，占全国建筑行业总产值的 7.28%，位居全国第三。

根据广东省统计局数据，2012～2021 年，广东省工程建设行业总产值整体呈快速上升态势，建筑业总产值由 2012 年的 6514.43 亿元上升至 2021 年的 21345.58 亿元，占全国总产值比重也由 4.75% 增长至 7.28%，详细数据如图 2-5 所示。

同样，广东省建筑业增加值及其占全省 GDP 的比重也持续上涨，分别由 2012 年的 1876.1 亿元、3.29% 上涨至 2021 年的 124369.7 亿元、4.16%，详细数据如图 2-6 所示。

图 2-5 2012～2021 年广东省建筑业总产值及占全国总产值的比重

（a）2012～2021 年广东省建筑业总产值；（b）2012～2021 年广东省建筑业总产值占全国总产值的比重

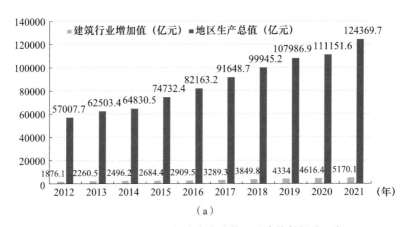

图 2-6 2012～2021 年广东省建筑业总产值数据（一）

（a）2012～2021 年广东省建筑业行业增加值、地区生产总值

（b）

图 2-6　2012～2021 年广东省建筑业总产值数据（二）

（b）2012～2021 年广东省建筑业地区生产总值占全省 GDP 的比重

图 2-7 为 2012～2021 年广东省建筑业建筑工程产值、安装工程产值及其他产值数据分布图，由此可以看出，建筑工程、安装工程与其他工程产值均持续增长，建筑工程产值增长幅度最大。

图 2-7　2012～2021 年广东省建筑业各项工程产值情况（亿元）

图 2-8 为 2012～2021 年广东省建筑业房屋施工面积统计情况。2021 年广东

省房屋建筑施工面积 105978.42 万 m², 同比增长 15.33%, 房屋建筑施工面积位居全国第三位。

（a）

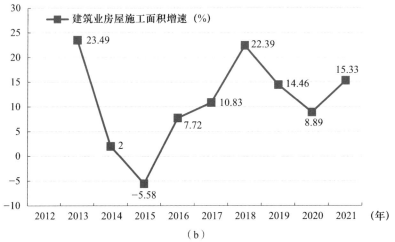

（b）

图 2-8 2012～2021 年广东省建筑业房屋施工面积统计情况

（a）2012～2021 年广东省建筑业房屋施工面积；（b）2012～2021 年广东省建筑业房屋施工面积增速

图 2-9 为 2012～2021 年广东省工程建筑业企业单位数及增速。2012～2021 年，广东省工程建筑企业数量稳步增长。截至 2021 年，广东省工程建筑企业数量达到 8501 家，相比 2020 年增加了 914 家，相比 2012 年增长了 4357 家。

（a）

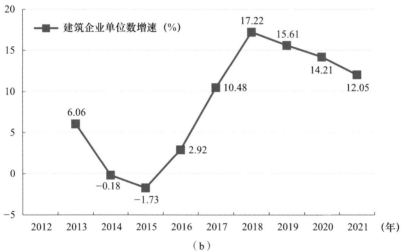

（b）

图 2-9　2012～2021 年广东省建筑业企业单位数及增速

（a）2012～2021 年广东省建筑企业单位数；（b）2012～2021 年广东省建筑企业单位数增速

图 2-10 为 2012～2021 年广东省建筑业企业从业人数及增速。整体而言，2012～2021 年，广东省建筑业企业从业人员数量处于较高水平。2021 年，广东省建筑业企业从业人员数量达到了 354.49 万人，相比 2020 年增加了 3.75%，相比 2012 年增加了 86.1%；直接从事生产经营活动的平均有 393.04 万人，较 2020 年增加了 20.26 万人。

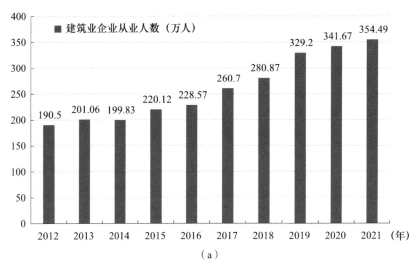

（a）

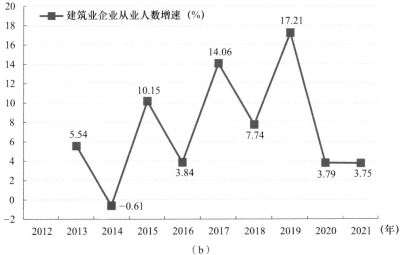

（b）

图 2-10　2012～2021 年广东省建筑业企业从业人数及增速

（a）2012～2021 年广东省建筑业企业从业人数；（b）2012～2021 年广东省建筑业企业从业人数增速

图 2-11 为 2015～2021 年广东省建筑业签订合同额与新签订合同额情况。2021 年，广东省工程建设行业签订合同额为 60265 亿元，相比 2020 年增长了 15.95%；新签订合同额为 29648 亿元，相比 2020 年增长了 15.37%，稳居全国第二。

图 2-11　2015～2021 年广东省建筑业签订合同额与新签订合同额情况

（2）广东省推进 EPC 的政策

近年来，为响应国家"加快推行工程总承包模式"的号召，广东省政府和相关部门出台多项文件，积极推进工程总承包模式。

2015 年 9 月，《深圳市人民政府印发关于建设工程招标投标改革的若干规定》（深府〔2015〕73 号），提倡大标段或者总承包招标，招标人可采用设计—采购—施工（EPC）等模式确定总承包人或者项目主办方。

2016 年 5 月，《深圳市住房和建设局关于印发〈EPC 工程总承包招标工作指导规则（试行）〉的通知》（深建市场〔2016〕16 号）发布，明确了招标需求以及计价模式：EPC 工程总承包招标可以在完成概念方案设计之后进行，也可以在完成方案设计之后进行，即方案未定的 EPC 工程总承包招标和方案已定的 EPC 工程总承包招标。EPC 工程总承包招标在需求统一明确的前提下，由投标人根据给定的概念方案（或设计方案）、建设规模和建设标准，自行编制估算工程量清单并报价。建议采用总价包干的计价模式，但地下工程不纳入总价包干范围，而是采用模拟工程量的单价合同，按实计量。如果需约定材料、人工费用的调整，则建议招标时先固定调差材料、人工在工程总价中的占比，结算时以中标价中的工程建安费用乘以占比作为基数，再根据事先约定的调差方法予以调整。

2017 年 1 月，《深圳市住房和建设局关于加强建设工程施工承包行为管理的通知》（深建规〔2017〕4 号）发布，指出严格落实建设单位负责制，强化建设单位在项目管理中的主导作用；严格落实承包单位的合同主体责任；严查严管，加大对转包挂靠等违法行为的查处力度。

2017 年 6 月，深圳市水务局印发《深圳市水务局政府投资 EPC 项目建设管理制度（试行）的通知》（深水务〔2017〕428 号），明确了水务局政府投资 EPC 项目建设管理的相关制度。

2017 年 12 月，《广东省住房和城乡建设厅关于〈广东省住房和城乡建设厅关于房屋建筑和市政基础设施工程总承包实施试行办法（征求意见稿）〉公开征求意见的公告》（粤建公告〔2017〕42 号）发布，明确了"招标一般应采用固定总价方式进行，根据项目特点也可采用固定单价、成本加酬金或概算总额承包的方式进行"，并且"采用固定总价合同的工程总承包项目在计价结算审核时，应当仅对符合工程总承包合同约定的变更调整部分进行审核，对工程总承包合同中的固定总价包干部分不再另行审核"。

2018 年 6 月，《深圳市建筑工务署关于发布〈政府投资项目 EPC 工程总承包模式应用及投资风险防控工作指引〉的通知》（深建工字〔2018〕87 号），为了做好 EPC 项目的管控工作，降低合同风险，对 EPC 工程总承包模式应用及投资风险做出了相关指引建议。

2018 年 12 月，《深圳市建筑工务署关于印发〈深圳市建筑工务署政府工程承包商分类分级管理办法〉〈深圳市建筑工务署建筑工程施工总承包单位分级管理实施细则〉的通知》（深建工字〔2018〕162 号），明确了承包商分类分级的管理办法和实施细则，进一步创新和完善承包商择优体系，提升政府工程品质，促进建筑市场的良性发展。

2019 年 2 月，《深圳市住房和建设局关于印发〈深圳市建筑师负责制试点工作实施方案〉的通知》（深建设〔2019〕16 号）发布，提出"市工务署、各区择优确定不少于 2 个项目作为建筑师负责制试点项目，原则上各重点区域应安排不少于 1 个项目。鼓励采用设计单位牵头的工程总承包（EPC）+建筑师负责制模式推进试点项目。"

2019 年 7 月，深圳市交通运输局直属事业单位深圳市交通公用设施建设中心印发《建设中心关于印发〈深圳市交通公用设施建设中心 EPC 项目建设管理办法（试行）〉的通知》（深交建设通〔2019〕95 号），明确各 EPC 项目管理参与方职责边界、理顺相互关系、规范工作流程、提高工作效率，对组织管理、设计管理、工程管理、投资控制、风险防控给出细则。

2020 年 3 月，深圳市交通运输局印发《深圳市交通运输局交通建设项目工程总承包（EPC）管理导则（试行）》（征求意见稿），规定了 EPC 项目发包和承包、设计管理、EPC 项目实施等在交通建设项目方面的相关细则。

2020 年 1 月，《深圳市住房和建设局印发〈关于进一步完善建设工程招标投标制度的若干措施〉的通知》（深建规〔2020〕1 号）发布，明确了 EPC 项目的投标人资格条件："（一）具备工程总承包管理能力的独立法人单位；（二）具备与招标工程规模相适应的工程设计资质（工程设计专项资质和事务所资质除外）或施工总承包资质。"

表 2-2 为广东省 EPC 相关政策文件及其推进 EPC 工程总承包的核心要点。

广东省 EPC 相关政策文件及其要点　　　　　　表 2-2

序号	发文部门	文件名	核心要点
1	深圳市人民政府	《关于建设工程招标投标改革的若干规定》	提倡大标段或者总承包招标，招标人可采用设计—采购—施工（EPC）等模式确定总承包人或者项目主办方
2	深圳市住房和建设局	《EPC 工程总承包招标工作指导规则（试行）》	明确了 EPC 项目招标需求以及计价模式
3	深圳市住房和建设局	《深圳市住房和建设局关于加强建设工程施工承包行为管理的通知》	指出严格落实建设单位负责制，强化建设单位在项目管理中的主导作用；严格落实承包单位的合同主体责任；严查严管，加大对转包挂靠等违法行为的查处力度
4	深圳市水务局	《深圳市水务局政府投资 EPC 项目建设管理制度（试行）》	明确了水务局政府投资 EPC 项目建设管理的相关制度

续表

序号	发文部门	文件名	核心要点
5	广东省住房和城乡建设厅	《广东省住房和城乡建设厅关于房屋建筑和市政基础设施工程总承包实施试行办法（征求意见稿）》	明确了"招标一般应采用固定总价方式进行，根据项目特点也可采用固定单价、成本加酬金或概算总额承包的方式进行"，并且"采用固定总价合同的工程总承包项目在计价结算审核时，应当仅对符合工程总承包合同约定的变更调整部分进行审核，对工程总承包合同中的固定总价包干部分不再另行审核。"
6	深圳市建筑工务署	《政府投资项目 EPC 工程总承包模式应用及投资风险防控工作指引》	为了做好 EPC 项目的管控工作，降低合同风险，对 EPC 工程总承包模式应用及投资风险做出了相关指引建议
7	深圳市建筑工务署	《深圳市建筑工务署政府工程承包商分类分级管理办法》《深圳市建筑工务署建筑工程施工总承包单位分级管理实施细则》	明确了承包商分类分级的管理办法和实施细则，进一步创新和完善承包商择优体系，提升政府工程品质，促进建筑市场的良性发展
8	深圳市住房和建设局	《深圳市建筑师负责制试点工作实施方案》	提出市工务署、各区择优确定不少于 2 个项目作为建筑师负责制试点项目，原则上各重点区域应安排不少于 1 个项目。鼓励采用设计单位牵头的工程总承包（EPC）＋建筑师负责制模式推进试点项目
9	深圳市交通运输局	《深圳市交通公用设施建设中心 EPC 项目建设管理办法（试行）》	明确各 EPC 项目管理参与方职责边界、理顺相互关系、规范工作流程、提高工作效率，对组织管理、设计管理、工程管理、投资控制、风险防控给出细则
10	深圳市交通运输局	《深圳市交通运输局交通建设项目工程总承包（EPC）管理导则（试行）》（征求意见稿）	规定了 EPC 项目发包和承包、设计管理、EPC 项目实施等在交通建设项目方面的相关细则
11	深圳市住房和建设局	《关于进一步完善建设工程招标投标制度的若干措施》	明确了 EPC 项目投标人的资格条件

五、EPC 总承包模式研究分析

1. 方法工具

科学计量学是运用统计数学方法分析科学活动投入产出，其采用定量方法处理科学信息的产生、流行、传播和利用，研究结论较为客观，近年来科学计量学被广泛应用于研究发展分析。CiteSpace 是用于文献数据信息计量分析与信息可视化的软件，通过其对特定领域文献的计量分析探寻出该领域研究的演化路径与转折点。

文献计量分析的基础与前提是获得所要研究分析领域的相关文章。文章的全面性与研究分析结果的准确度密切相关。因此，为全面获取"EPC 工程总承包"研究的相关文章，采用以下步骤：首先，在中国学术期刊网络出版总库知网（CNKI）中以"EPC 工程总承包""EPC"为主题词检索期刊文献；其次，在检索的基础上，去除非学术性文章、数据信息不全文章以及不相关的研究论文；然后，将符合要求的期刊文献按 CiteSpace 软件要求格式导出。最终，检索限定时间为 2022 年 8 月 30 日，获得"EPC 工程总承包"相关期刊文章 1124 篇，硕士论文 238 篇，时间年限为 2008～2022 年，文献数量的年际分布如图 2-12 所示。年际文献数量分布能展现研究随时间的整体状态，从图 2-12 可以看出相关研究逐年增加，从 2015 年开始增加速度明显加快。

2. 热点主题

将关键词同类合并、去掉泛义词后，统计获得有效关键词共 501 个。利用 Citespace 软件，设定关键词次数，获得高频关键词如表 2-3 所示。高频关键词是相关研究领域的代表性术语，表征了该领域热点主题和发展方向所在。热点关键词除"EPC""总承包"外，还有"项目管理""成本控制""设计管理""风险管理""管理模式""合同管理""成本管理"等，其中"管理模式"出现频次 28 次，位居第九位。

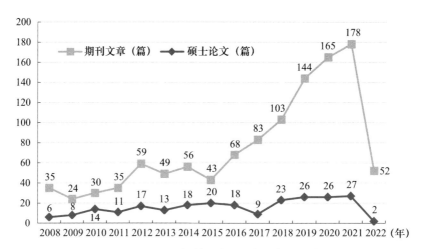

图 2-12　EPC 相关研究文献数量年际分布

热点关键词及频次　　　　　　　　　　表 2-3

序号	关键词	频次（次）	序号	关键词	频次（次）
1	EPC	362	9	管理模式	28
2	总承包	103	10	合同管理	26
3	项目管理	102	11	成本管理	25
4	成本控制	46	12	施工管理	18
5	设计管理	45	13	承包商	18
6	风险管理	44	14	造价控制	18
7	总承包商	34	15	发包人	18
8	风险	32	16	安全管理	17

　　根据 Citespace 关键词突现性分析，引用强度最高的 15 个关键词如图 2-13 所示。15 个突现关键词中，与管理模式直接相关的关键词有 3 个，分别为"管理、管理模式、联合体"。"管理"一词的突现时间为 2008 年，强度为 3.81，为强度值最高的关键词，引用度最高时间为 2014～2017 年；"管理模式"一词的突现时间为 2008 年，强度为 2.68，引用度最高时间为 2016～2018 年；"联合体"一词的突现时间为 2008 年，强度为 2.97，引用度最高时间为 2019～2022 年。此外，"费用控制""质量控制""设计""风险""BIM"等关键词也有较高的引用度。

关键词	年份	强度	开始	结束	2008～2022年
风险	2008	2.82	2008	2010	
质量控制	2008	2.71	2010	2014	
控制	2008	2.69	2010	2016	
设计	2008	3.08	2011	2013	
费用控制	2008	3.26	2013	2017	
风险分析	2008	2.96	2013	2014	
管理	2008	3.81	2014	2017	
工程	2008	3.01	2014	2015	
项目	2008	2.94	2014	2015	
采购	2008	2.95	2016	2019	
管理模式	2008	2.68	2016	2018	
造价控制	2008	3.65	2017	2019	
承包商	2008	2.95	2017	2019	
BIM	2008	3.01	2018	2019	
联合体	2008	2.97	2019	2022	

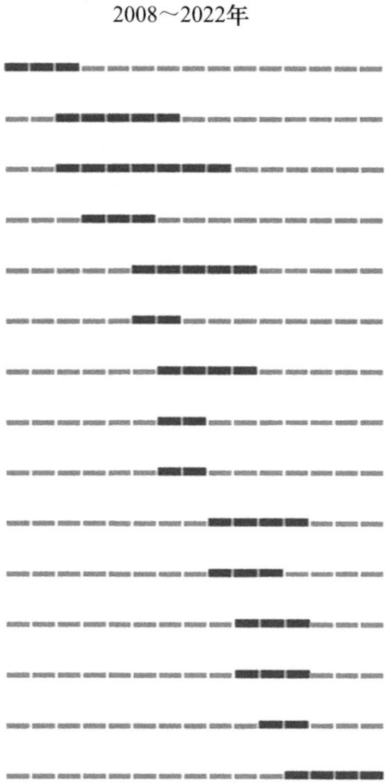

图 2-13　高频关键词强度及突现时间

图 2-14 为关键词共现图谱。图谱中，节点为关键词，字体大小表征其出现频率（字体越大，频率越高）；节点之间的连线为关键词之间的紧密程度，不同连线颜色表示时间关系（由深到浅代表着时间由远及近），连线粗细则表示紧密程度（线越粗表示联系越紧密）。

通过文献计量分析发现，学者们对于 EPC 工程总承包的研究在不断深入与拓展，对 EPC 的管理模式、成本控制、风险控制、质量控制、设计管理、合同管理等都有一定程度的探讨。虽然学者们对于许多问题的观点未达成一致，但是学者们普遍认为，EPC 工程总承包是国际上通行的一种建设项目组织实施方式，大力推行 EPC 工程总承包，既是政策措施的明确要求，也是行业发展的必然方向。实行 EPC 总承包的管理模式，既有利于对建设工程全过程投资的控制，也能够很好地协调质量、工期、安全等目标，促进合同的全面履行以及项目的质量和工期。

图 2-14　关键词共现图谱

第三章 哈工大国际设计学院 EPC 项目

一、哈工大国际设计学院项目概况

哈尔滨工业大学深圳国际设计学院项目（以下简称哈工大项目）位于深圳市南山区深圳大学城校区南部哈尔滨工业大学（深圳）本科校区东南侧地块，紧邻留仙大道，建设周期约为 4 年。项目投资总概算 95510.00 万元，包括新建教学区一栋、配套宿舍两栋、扩建食堂一层。总建筑面积 110783.30m²，其中：地上建筑面积 78063.03m²（扩建食堂建筑面积 1700m²），地下建筑面积 32720.27m²。项目概况如图 3-1、表 3-1 所示。

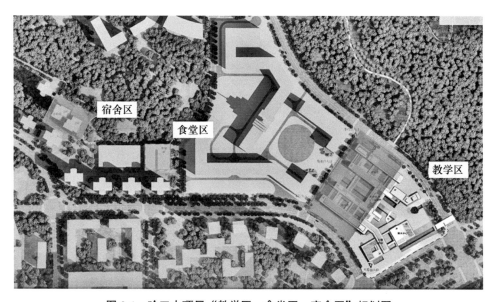

图 3-1 哈工大项目"教学区—食堂区—宿舍区"规划图

哈工大项目"教学区—食堂区—宿舍区"区域概况　　　　表 3-1

区域	概况	效果图
教学区	功能业态包括展示中心、行政办公、教学楼、实验楼、图书馆等，总建筑面积约 7.8 万 m²，涉及地下 2 层，地上 6 层，框架—剪力墙结构	
宿舍区	功能业态包括宿舍、共享活动室、空中花园等，总建筑面积约 3 万 m²，共 2 栋，地下局部 3 层，地上 28 层，部分框支剪力墙结构	
食堂区	原 3 层，加建 1 层，钢结构，加建建设面积约 1700m²	 食堂扩建部分加建建筑面积 1700m²

　　哈尔滨工业大学深圳国际设计学院［以下简称哈工大（深圳）］倡导设计科学化、工程艺术化、服务全球化的办学理念，通过中西文化的交汇、艺术与科技的融合、设计与工程的结合，建立适应社会新需求的创作创新平台，学院以全日制研究生教育为主，适度兼顾继续教育。到 2025 年实现招生规模达到全日制在校生 1200 人，其中硕士研究生 1000 人、博士研究生 200 人，将有利于把各自先进的教育理念、优质的教学资源、创新的人才团队，与经济特区的体制机制、创新生态、产业与市场环境等综合优势更好地结合起来，为提升"深圳设计""深圳创造""深圳品牌"的国际影响力、建成现代化国际化创新型城市发挥更加积极的作用。

基于使用单位对本项目的高期待、高要求、高发展，深圳市建筑工务署创新发展，贴合学院要求，将本项目列入 2018 年建筑师负责制试点项目，同时在建设模式上启用设计牵头的"设计—施工"联合体 EPC 总承包模式，为实现"建设周期短、品质要求高、设计艺术感强"等特点增砖添瓦。2019 年《深圳市住房和建设局关于公布深圳市建筑师负责制试点项目的通知》（深建设〔2019〕39号）中，正式将本项目列为深圳市建筑师负责制试点项目。2020 年本项目又被列入深圳市重点项目，社会关注度极高。

二、哈工大项目的重点、难点

1. 设计品质要求高，功能需求复杂

哈工大项目的教学区设计功能复杂，含各类实验室 29 间，涉及模型实验室、数字实验室、声学光热、视觉传达实验室和电磁实验室等非常规专业，功能需求难以确定；多个实验室对首层、负一层面积需求量大，对高大空间要求不一，荷载、防震要求高，同层不同标高，精细化设计和施工难度大；智能化工程需贯穿"科技以人为本"的设计理念，在智能化系统多、结构复杂，功能要求高的需求导向下，应展现先进性、经济适用性，统筹设计、优化配置，满足高效便利的物业管理及客户服务需求。

项目由法国 A234 建筑师深度参与概念设计、方案设计，并对初步设计、施工图设计图纸进行审核，对施工阶段进行方案落地控制，直至项目完成，包括全周期的 BIM 服务，以及对室内装饰及校区景观的概念设计与把控。由广东省建筑设计研究院有限公司建筑师深度参与方案设计、建筑初步设计，并对初步设计、施工图设计图纸进行审核，对施工阶段进行方案落地控制，直至项目完成。由中国建筑西南设计研究院有限公司（以下简称中建西南院）建筑师根据设计方案，进行初步设计和施工图设计，全面参与本项目的设计、施工管理工作，对工程的质量、安全、进度、投资等方面进行管控。

2. 山地连体建筑＋异形结构，管控难度大

哈工大项目的宿舍楼地块位于山体，基坑支护形式、挡土墙深度标高不一，造价计价容易疏漏；异形结构且两栋楼山地连体体系，设计及施工难度大；场地狭小，施工难度大；根据深圳市要求，项目要求全面采用装配式建筑技术，技术管理要求高。

3. 现场安全文明管理要求高

本项目教学区周边环绕已使用的哈工大（深圳）本科校区及市政道路，西侧毗邻住宅小区，安全文明施工管理要求高；学生宿舍楼所在区域与教学区分开，施工主要路线与学生流线交叉，安全文明施工要求高，且宿舍楼地块位于山体，场地狭小，施工管理技术难度高。此外，加建食堂要求 2020 年 11 月移交使用，工期管理要求高。

4. 社会影响大，建设管理要求高

本项目由哈尔滨工业大学、苏黎世艺术大学、加泰罗尼亚高等建筑研究院三校共同创办，为国际联合办学项目，项目社会影响大；本项目又为深圳市建筑师负责制试点项目，采用设计牵头的设计—施工总承包模式。EPC 总承包模式下，对同时满足投资控制、设计品质及功能效果要求的难度大，对工程咨询管理能力及标准要求高。

三、设计牵头 EPC 建设管理模式

1. 设计牵头 EPC 工程总承包模式

袁竞峰、张奇铭等学者认为，EPC 项目成功实施的关键在于其设计管理是否科学合理，即真正发挥设计对整个工程的技术支撑作用。

哈工大项目是深圳市建筑工务署依据自身项目的特点，践行工程总承包模式先进理念，提出实施以设计牵头的"设计—施工"总承包模式，同时也是深圳市建筑工务署与深圳市住房和建设局"建筑师负责制"重要试点项目。本项目采用以方案设计为条件的设计牵头 EPC 总承包建设管理模式，推进政府工程建设高质量发展。设计牵头的"设计—施工"总承包模式，对工程咨询管理能力及标准要求高，对同时满足投资控制、设计品质及功能效果要求的难度大。项目参建单位如表 3-2 所示。

哈工大项目参建单位　　　　　　　　　　　　表 3-2

项目参建方	参建单位
建设单位	深圳市建筑工务署教育工程管理中心
使用单位	哈尔滨工业大学
EPC 总承包单位	中国建筑西南设计研究院有限公司 / 中国建筑第八工程局有限公司（以下简称中建八局）
全过程工程咨询单位	浙江五洲工程项目管理有限公司 / 杭州千城建筑设计有限公司
勘察单位	深圳市勘察研究院有限公司
造价咨询单位	深圳市建星项目管理顾问有限公司

本项目采用设计牵头 EPC ＋强设计管理全过程工程咨询的建设管理模式，即采用强设计管理的全过程工程咨询（以下简称全咨）单位及设计牵头的 EPC 工程总承包模式，构建以"业主—承包人—全咨团队"为核心的项目网络组织，如图 3-2 所示。以建设项目集成交付为目标的三方责任主体形成的三边关系，既包括以业主委托全咨团队进行项目管理的专业服务交易，又包括业主委托承包人进行项目实施与交付的项目交易，两者共同构成了完整的全咨项目组织结构。

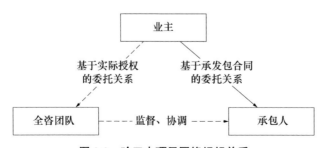

图 3-2　哈工大项目网络组织关系

2. 设计牵头 EPC 建设管理模式优点

通过设计牵头 EPC 统一权责，在设计技术的主导下打通设计施工各个环节，提升建设质量。通过强设计管理全过程工程咨询，增强建设单位对于设计、投资的管控能力，降低因设计与施工融为一体后可能出现的管理风险。以设计牵头 EPC 为项目实施落脚点，强化建设过程中设计技术的管控能力，为设计效果落地、质量、安全、投资、进度、风险管控等方面提质增效。

（1）设计与施工权责统一

常规模式下，由于设计与施工相互割裂，设计仅承担设计责任，施工仅承担施工责任。工程建设过程中双方均不对因设计与施工考虑不完善或冲突导致的工程变更负主要责任，由此带来的经济及工期损失一般由建设单位承担，对项目顺利推进造成阻碍。本项目通过创新工程总承包的组织模式赋予总承包单位设计与施工的权力，同时明确其同时承担设计及施工的主体责任，形成统一清晰的权责界面。

（2）发挥全过程设计管控作用

在设计与施工割裂的情况下，设计单位往往不会过多地考虑施工便利性、安全性等问题，即使有也无充足的动力持续开展精细化设计工作。同时，施工单位工作首要原则局限在"按图施工"的理念内，对于设计效果、功能、构造工艺等因素的理解及把控是欠缺的。

本项目旨在以设计牵头的工程总承包作为建筑师负责制载体，充分发挥设计及其技术支持在建设全周期中的主导作用。践行精细化设计，通过全过程设计技术管控有效落实设计理念，为项目建设提质增效。

（3）提升建设单位设计管控能力

在工程总承包模式下，设计与施工融为一体，建设单位在管理人员数量及技术资源有限的情况下需对总承包单位进行必要的管控，尤其是重点把控设计成果的合理性及投资可控性。在此情况下，具备足够的设计技术及管理能力的全咨单位可以成为建设单位管理团队的有效补充。在实际实施过程中，由强设计管理能力的全咨单位依托自身的技术资源对设计成果的合理性及经济性进行专业评估，再由建设单位进行合理决策，加强建设单位的设计管控能力。

（4）科学高效地控制造价

计价模式的选择对于建设单位的投资控制及总承包单位的技术融合具有决定性影响。第一，项目需要通过设计技术赋能有效控制项目总投资。第二，建设单位需要通过科学的计价模式合理管控总承包单位的利润获取，实现可持续发展。既要鼓励总承包单位通过技术融合降本增效，又要防止为扩大利润恶意降低建设品质。第三，建设单位与总承包单位需合理分摊实施过程中的各类造价风险，保证项目在各种条件下能正常推进。第四，建设单位需提高计价效率，减少实施过程中的造价争议，降低管理成本。

3. 联合体建设管理模式难点

本项目采用设计牵头"设计—施工"的 EPC 工程总承包模式。在设计牵头 EPC 工程总承包模式下，作为联合体的牵头人，设计单位不仅要完成合同约定的设计任务，还需要站在项目总负责人的高度对项目的设计—采购—施工进行全面负责，对建设项目的质量、进度、安全文明、造价、总分包协调管理等每一个环节进行深入有效的管控。

联合体建设管理模式存在以下难点：

（1）联合体模式下的"两张皮"现象

理论上讲，设计方与施工方组成 EPC 工程总承包联合体可以发挥两者各自的优势，然而事实上由于联合体双方在企业文化、思想理念、付出后的回报等问题上无法形成真正的联合，"两张皮"的情况无法得到根本性改变，工程总承包的优势无法真正发挥，对工程总承包模式的质疑也就不会停止。在设计牵头的 EPC 联合体工程总承包模式下，存在设计方管不住施工方的现象；在施工牵头的 EPC 联合体模式下，施工方管不住设计方，设计方与施工方的融合无法真正实现，两者的优势也就无法全部体现，会对工程总承包模式产生"伤害"。

（2）"设计技术"的主导作用未得到充分发挥

工程总承包模式的优势在于充分发挥设计技术的主导作用，在项目策划阶段将设计技术作为主导设计、采购、施工的主要因素进行策划，而在实际工程中，由于联合体企业对设计技术的主导作用认识不深，使设计技术作为工程总承包的主导作用未得到充分发挥，特别是在提升品质与投资控制方面。

（3）"设计懂施工，施工懂设计"的认识误区

在工程实践中，同时具备设计技术与施工技术的人员，不一定具备相应的工程总承包管理能力。工程总承包的人才需求为统筹管理能力、专业技术能力，即"专业的人做专业的事"。而我国现有的教育培养体系无法满足现实要求。

（4）建设单位及建设主管部门对工程总承包的认识不足

建设单位在对工程总承包的管理上还是习惯于设计业务管理设计院，施工业务管理施工单位。建设主管部门在对工程总承包项目的检查上基本还是分别管设计和管施工，相对于传统模式区别不大。

（5）缺少成熟的基于工程总承包模式的可复制、可推广的管理体系

由于 EPC 工程总承包模式在我国房屋建筑项目中晚于能源、交通行业，市场上还没有一套比较成熟、可复制、可推广的工程总承包管理体系，使得 EPC 工程总承包模式在具体实施过程中管理问题百出。

四、建设管理模式创新意义

2015 年 8 月，深圳市人民政府印发《关于建设工程招标投标改革的若干规定》，提倡大标段或者总承包招标，招标人可采用设计—采购—施工（EPC）等模式确定总承包人或者项目主办方。

2018 年 6 月，深圳市建筑工务署发布《政府投资项目 EPC 工程总承包模式应用及投资风险防控工作指引》的通知，为了做好 EPC 项目的管控工作，降低合同风险，对 EPC 工程总承包模式应用及投资风险做出了相关指引建议。

2018 年 12 月，《深圳市建筑工务署关于印发〈深圳市建筑工务署政府工程承包商分类分级管理办法〉〈深圳市建筑工务署建筑工程施工总承包单位分级管理实施细则〉的通知》，明确了承包商分类分级的管理办法和实施细则，进一步创新和完善承包商择优体系，提升政府工程品质，促进建筑市场的良性发展。

在建筑行业开展改革与探索，本身就是深圳市建筑工务署与生俱来的责任。深圳市建筑工务署开展建设管理模式的探索试点工作是代表国家、代表组织肩负的更高层次的责任。创新建设管理模式是深圳市建筑工务署践行深圳政府工程建设的"先行示范"、实现工程高质量发展、全面提高政府工程建设效率和效益的《政府工程高质量发展方案》重要的改革创新举措之一。通过项目试点探索改革创新模式、化解改革创新风险、降低改革创新成本、提高改革创新效率具有重大意义。特别是未来 5 年将计划完成约 2400 亿元的投资，在原有模式及人员不增加的情况下，已经无法完成标准更高、总量更大的建设任务。深圳市建筑工务署须通过试点改革找到出路，实现变革。

高质量发展，就是能够很好地满足人民日益增长的美好生活需要的发展，是体现新发展理念的发展。更明确地说，高质量发展，就是从"有没有"转向"好不好"。对于深圳市建筑工务署来讲，从供给看，要完善政府工程集中管理体系，实现创新力、需求捕捉力、品牌影响力、核心竞争力强、产品和服务质量高；从需求看，要不断满足人民群众个性化、多样化、不断升级的需求，提供公共建筑产品；从投入产出看，要提高全要素生产率，高品质、高品位、高效能推进政府工程建设管理；从分配看，要发挥市场配置资源作用，构建合理的市场价格体系；从宏观经济循环看，要努力完成建设任务，为宏观经济作出贡献。

通过项目试点，使得各参建单位在各自领域查漏补缺；各参建单位通过沟通取长补短；通过不断地探索、改革、创新、总结与提升，提升企业在 EPC 工程总承包领域的综合实力，同时与深圳市建筑工务署形成一致的发展观与价值观，有利于各参建单位的长远健康、可持续发展。

第四章　哈工大项目设计牵头 EPC 建设管理模式实践

一、管理架构设计

1. 项目整体管理架构

为了提高本项目的管理效率，保障项目的顺利实施，基于深圳市建筑工务署统筹的组织架构，采用典型项目导向型运作模式，涵盖了工程建设全生命周期。同时为充分体现全过程工程咨询模式的管理实效和专业优势，将项目管理团队与现场监理团队分组融入建设单位的管理团队，实施扁平化综合管理，如图 4-1 所示。

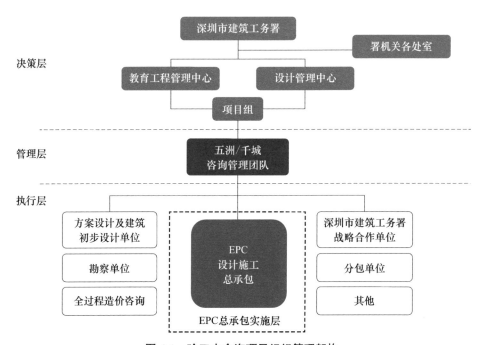

图 4-1　哈工大全咨项目组织管理架构

搭建以设计为核心、建筑师为主导的全过程工程咨询项目组织架构的优化，合理采用设计企业层面矩阵式和项目层面直线式组织结构。考虑到全过程工程咨询项目内部专业分工较细，不同业务之间存在大量的工作交叉，对信息传递和协调要求高，选择直线式组织结构形式，在内部形成集中统一的领导，减少内部纠纷，使内部信息的传递速度相对较快，便于任务的执行，使项目任务分配明确，权责利关系清楚，采用这种结构形式能够加强项目的可控性。

（1）采用有效的建筑师负责制工作方式，实现建筑方案原创设计理念落地。本项目原创方案由外方完成，在 EPC 的初步设计、施工图设计及施工过程中需建立有效的建筑师负责制工作方式，确保原创设计理念贯穿全局并能最终充分落地。在 EPC 实施过程中，既要充分尊重并延续原创方案的设计意图，又要使各专业的深化设计、材料选择、功能效果满足国内规范要求及大众审美和使用习惯。

（2）通过组织架构、管理制度的统一，实现设计施工深度融合的精细化设计。在设计施工一体化的融合组织架构基础上，EPC 单位需通过组织架构、管理制度的统一促进设计技术、采购资源与施工组织的深度融合，解决建设过程中的碎片化问题。在设计阶段后端积极参与前端、前端充分考虑后端，通过定制式精细化设计，重点保证设计成果的施工便利性、采购可行性、投资可控性，将施工过程中可能出现的进度、质量及安全风险在设计阶段进行合理规避或降低，以技术融合促进各参建单位在效果、进度、质量、安全及造价等方面管理的降本增效，实现可持续的高质量工程建设。

（3）通过利用全咨单位及 EPC 单位设计技术优势，提高有限投资的性价比。对于建设需求及标准在 EPC 发包时未具体明确的部分，如精装修、泛光照明等暂估价工程，在实施过程中需利用全咨单位及 EPC 单位设计技术优势，在深圳市建筑工务署项目组的统筹下加强对使用单位的技术沟通及引导，在暂估价投资范围内，对重要的建筑区域保证效果品质，对次要的区域则以节约投资为主，好钢用在刀刃上，提高有限投资的性价比，实现设计技术的创效。

（4）EPC 单位多方案技术经济比选→全咨审查→专家论证的审查流程，督促 EPC 单位切实做好设计与安全、质量、进度、造价控制的充分融合，提高设计成果质量，为先进建造打下良好的基础。

2. 类 SPV 融合一体化项目部

（1）SPV 概念

SPV（Special Purpose Vehicle）为特殊目的实体，是由若干母公司发起的用以实现特定、临时目标的有限责任组织，具有法人地位，可以在隔离财务风险和最大限度地降低破产风险的情况下开发、拥有和运营一个特殊项目。

当前 SPV 在房地产开发中已经有广泛的应用，总体可归结为分散性合作以及动态统一的合作。分散性合作即房地产企业间进行区域内或者跨区域的并购重组，走企业集团的模式，最常见的形式是较容易拿到地的公司通过成立 SPV 子公司拿地，然后出售 SPV 子公司给有意愿进行后续开发运营的公司进行套现；动态统一的合作则是拥有某些核心资源并最先发现的企业为盟主企业，拥有其他不同资源的企业为盟员企业，以法律合同为约束，从而整合优势获得强大的项目开发实力，当达成共同利益目标后联盟解散。

（2）类 SPV 融合一体化项目部

为解决工程总承包联合体中设计单位与施工单位因企业文化、企业制度及薪酬分配体系上的差异而出现"两张皮"问题，本项目采用类 SPV 融合一体化项目部。

"类 SPV 项目部"是指联合体项目部的组建借用了 SPV 的概念，在公司层面不做任何股权、管理制度调整的情况下（现阶段实现真正的"股权融合"尚不成熟），通过双方公司共同赋予项目部统一的项目目标及要求，在项目部层面实现将两家企业暂时"合并"为一家企业的目的。

"融合一体化"指通过项目部从管理层到执行层各部门人员的重新组合以及项目部管理制度、薪酬考核制度的高度统一，将每一位项目管理人员从自身的公司职责中"脱离"出来，由这家暂时"合并"的企业赋予新的职责，并在联合体项目总负责人的统筹指挥、考核下开展工作。

（3）类 SPV 融合一体化项目部核心

类 SPV 融合一体化项目部模式的核心为"四个统一"，即：统一的组织构架、统一的项目目标、统一的管理机制、统一的考核机制。

1）组织架构

① 基本组织框架

首先，在双方公司层面，由公司领导牵头成立项目决策委员会作为联合体的统一决策层，一方面建立双方公司高层的沟通机制，解决类 SPV 一体化融合项目部在组建及运行过程中的方向性、原则性问题，并对重大的技术、资源等问题提供必要的支持；另一方面代表公司向项目部共同下达统一的项目目标指令，保证项目部在根源上实现"一体化"。

联合体牵头单位派驻项目总负责人（本项目总负责人作为公司领导，同时也是项目决策委员会成员）与项目设计负责人，联合体施工单位派驻施工项目经理，组成融合一体化项目部的统一管理层。其中，项目总负责人作为项目部层面的最高指挥者，负责统筹管理项目设计负责人、施工项目经理及项目部各部门负责人。

项目执行层面，项目部所有部门均由双方公司派驻管理人员共同组建并接受部门负责人的统筹管理。

② "1＋1＞2"运行理念

组织架构的统一实现了两家企业"合并"为一家企业的基本框架，但下一个需要解决的问题则是如何在这样的框架上发挥设计单位与施工单位各自的优势，形成优势互补、"1＋1＞2"的良性运转，避免出现为了"拉郎配"式的强行融合反而导致各自优势无法发挥、各自擅长领域工作降效的问题。

在"1＋1＞2"运行理念的基础上，本项目在各执行部门的组建过程中引入"AB 角"的概念，即由更擅长或更需统筹主导该领域的单位派驻部门正职（A 角），而由另一单位派驻部门副职（B 角）进行配合辅助，形成"A 角统筹指挥、B 角锦上添花"的工作机制。

由于设计单位在设计技术、设计管理、投资控制等方面具有优势，而施工单位则在施工技术、现场管理等方面更加擅长，故本项目的设计经理、商务经理、副总工、质量副总监、安全副总监、项目副书记由联合体牵头单位派驻，总工、质量总监、安全总监、项目书记、商务副经理由联合体施工单位派驻。本项目类 SPV 融合一体化项目部组织架构及各单位派驻人员如图 4-2 所示。

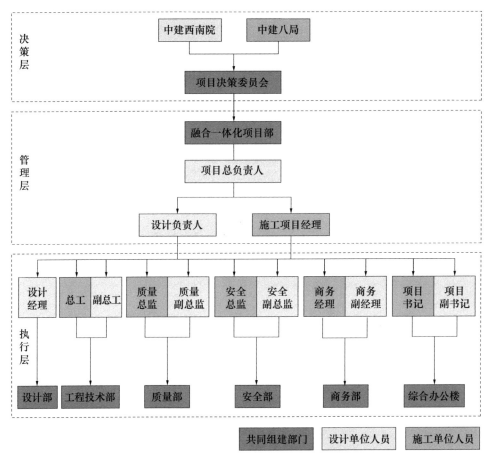

图 4-2 类 SPV 融合一体化项目部组织架构及各单位派驻人员

③ 人员职责分工

在确定组织架构的基本框架及运行理念后，由于各管理人员在此架构下的工作职责相较于原公司职责发生了变化，为避免出现各部门、各人员之间职责界面不清导致工作降效，甚至出现管理真空的问题，还需进一步明确项目管理层及执行层各部门负责人在融合一体化项目部的具体工作职责，将"融合一体化"的构想真正落地。本项目各负责人职责如表 4-1 所示。

类 SPV 融合一体化项目负责人职责　　　　　　　　　表 4-1

部门	职务	派驻单位	职责分工
项目 管理层	项目总负责人	中建西南院	1. 负责全面统筹设计施工管理; 2. 负责对外协调; 3. 负责课题研究、相关会议及论坛的组织
	项目设计 负责人	中建西南院	1. 负责统筹设计工作; 2. 负责统筹设计管理,落实建筑师负责制各项设计增值工作
	施工项目经理	中建八局	1. 负责统筹施工管理; 2. 负责创新创优研发
设计部	设计经理	中建西南院	1. 负责设计工作; 2. 负责设计管理工作,包括对接建设单位需求、设计分包采购等; 3. 负责牵头组织总进度计划编制、设计定案、设计施工融合会商、设计成果三级校审等融合管理工作; 4. 负责组织设计交底、复核施工组织设计、组织设计师施工巡查、参与竣工验收等设计技术支撑工作
工程 技术部	总工程师	中建八局	1. 负责施工生产及技术工作; 2. 负责对接建设单位、全咨单位、第三方巡查单位相关指令并执行
	副总工程师	中建西南院	1. 按照设计施工进度穿插的原则协助设计经理及项目总工优化设计及施工进度; 2. 负责设计施工融合工作,在设计阶段从施工技术及进度的角度提出合理优化建议,在施工阶段及时协调驻场设计人员对施工技术及进度进行技术支撑; 3. 按照第三方巡查单位的要求,每周对项目进度进行综合评价及风险分析,并提出改进建议及措施,协助总工完成改进工作
质量 管理部	质量总监	中建八局	1. 负责施工质量管理工作; 2. 负责对接建设单位、全咨单位、第三方巡查单位相关指令并执行; 3. 负责质量创优策划、实施及验收工作

续表

部门	职务	派驻单位	职责分工
质量管理部	质量副总监	中建西南院	1. 负责设计施工融合工作，在设计阶段从施工质量的角度提出合理优化建议，在施工阶段配合驻场设计人员完成设计交底、设计师施工巡查、竣工验收等； 2. 按照第三方巡查单位的要求，每周对项目质量进行综合评价及风险分析，并提出改进建议及措施，协助质量总监完成改进工作； 3. 协助质量总监完成质量创优策划、实施及验收工作
安全管理部	安全总监	中建八局	1. 负责施工安全管理工作； 2. 负责对接建设单位、全咨单位、第三方巡查单位相关指令并执行； 3. 负责安全文明创优策划、实施及验收工作
	安全副总监	中建西南院	1. 负责设计施工融合工作，在设计阶段从施工安全文明的角度提出合理优化建议，在施工阶段及时协调驻场设计人员对施工安全文明进行技术支撑； 2. 按照第三方检测机构的要求，每周对项目安全文明进行综合评价及风险分析，并提出改进建议及措施，协助安全总监完成改进工作； 3. 协助安全总监完成安全文明创优策划、实施及验收工作
商务管理部	商务经理	中建西南院	1. 负责限额设计管理； 2. 负责概预算编制并配合建设单位完成申报、审核； 3. 负责对建设单位收款、对联合体施工单位付款工作； 4. 与商务副经理共同组织招标采购工作，负责对相关单位工程的采购前置工作； 5. 负责配合商务副经理开展对分包付款、结算工作
	商务副经理	中建八局	1. 与商务经理共同组织招标采购工作； 2. 负责牵头组织对分包付款、结算工作
综合办公室	项目书记	中建八局	1. 牵头组织党建活动； 2. 负责项目部后勤工作
	项目副书记	中建西南院	配合项目书记开展党建活动

2）项目目标

由于设计单位与施工单位在企业文化及目标追求方面存在较大的差异，往往导致双方在同一项目的目标不尽相同，进而导致意见不统一甚至出现对立，故只有形成统一的项目目标才能从根本上保证联合体团队行动一致、形成合力。本项目为实现联合体的目标统一，进行了公司战略目标与项目目标统一的探索。

① 统一公司战略目标

双方公司战略层面的目标统一由项目决策委员会完成，即在公司层面统一双方的总体目标，如以项目为基点共同进行市场开拓、相互交换优势资源、积极响应中国建筑集团有限公司局院协同发展战略等，为项目目标的统一打下坚实的基础。

② 统一项目目标

在公司战略目标统一的基础上，项目决策委员会代表双方公司对一体化融合项目部下发统一的项目目标指令，如项目的总进度目标与节点目标、产值与收款目标、招标采购目标、成本及利润目标、创新创优目标、履约评价目标、观摩宣传目标等。

在项目运行过程中，由项目总负责人牵头、项目设计负责人与施工项目经理充分协同，对执行层出现的目标分歧进行及时纠偏，保证项目部所有管理人员步调一致，共同为项目目标努力。

3）管理机制

管理机制的统一旨在解决联合体不同单位派驻人员完全按照原公司的管理制度开展工作，导致各自为政的局面。

在融合一体化项目部组建过程中，项目管理层与执行层各部门负责人就项目部各部门之间以及各部门内部的管理制度进行原制度的对比分析以及创新融合的探讨，在不违反双方公司各自管理制度底线的原则上针对融合项目本身进行大胆创新，初步形成一套以项目总负责人为核心的统一管理制度（如各部门间的融合会签制度、统一对上对下的公文资料签审制度、收付款审核制度等），并在项目运行初期进行磨合、试错、改进，最终形成能够被所有管理人员采纳、具备较强可实施性的融合一体化制度。

4）考核机制

因设计单位及施工单位在人力招聘、人才培养体系、职位晋升机制等方面依然存在较大的差异，彻底实现联合体中所有管理人员在薪酬分配体系上的统一尚不现实，但为调动管理人员的积极性，尝试通过建立统一的考核评估机制将不同部门、不同单位派驻人员的自身利益与融合项目的项目目标进行绑定，在项目层面形成利益共同体。

本项目中，中建西南院的薪酬体系采用基本工资＋年终奖的形式，而中建八局则采用固定年薪＋项目目标奖励的形式，二者的薪酬分配体系及各岗位人员薪酬标准均不一致。因此，本项目在统一的组织架构、统一的项目目标、统一的管理机制的基础上，探索建立了对双方公司员工均有效的考核机制，以被考核人员的职责分工及项目目标实现情况为判别标准，统一进行奖优罚劣，最大限度地降低不同企业员工因收入差异导致的区别。其中，项目管理工程师绩效受管理层及项目部共同投票结果影响，项目执行层各部门负责人统一受项目管理层考核，项目管理层受项目决策委员会考核。

（4）类 SPV 融合一体化项目部优势

类 SPV 融合一体化项目部与常规联合体项目部对比如表 4-2 所示。通过类 SPV 融合一体化项目部，可以形成施工质量的"双保险"体系，如图 4-3 所示。

类 SPV 融合一体化项目部与常规联合体项目部对比 表 4-2

对比内容	融合一体化项目部	常规联合体项目部
组织构架	运用 SPV 联合公司理念，所有管理部门均由双方人员共同组建，仅存在一套组织架构，设计与施工的关系变为内部关系，受融合一体化项目部领导层统一管理	设计单位与施工单位"拉郎配"，强行将两个单位组合在一起，存在两套相互独立的组织架构，实质上还是两个单位
管理制度	双方公司对融合一体化项目部统一下发项目各项指标，所有管理人员同工同酬、形成合力，朝着共同的目标努力	双方的管理制度、薪酬制度均沿用各自的公司体系，项目目标不统一，各自为政的情况普遍存在
运行情况	设计与施工深度融合，设计单位可充分发挥设计主导作用，对质量、进度、安全文明、造价进行全过程管控	设计与施工相互割裂，一旦出现问题则互相推脱责任，组织管理内耗严重，设计施工总承包有名无实

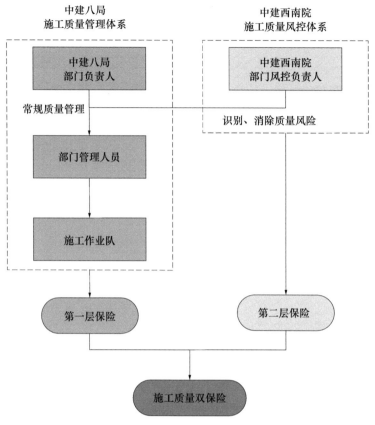

图 4-3　施工质量"双保险"体系

3. 体制机制保障

本项目作为深圳市"工程总承包（EPC）""建筑师负责制"试点项目，承包人不仅要高质量地完成合同约定的工程建设任务，还需肩负此类工程建设模式经验总结及复制推广的重要使命。本项目结合中建西南院、中建八局与浙江五洲工程项目管理有限公司（以下简称五洲管理）各自的优势，在体制、组织、资源、经验四个方面为本项目的试点及推广提供保障。

（1）体制保障

中建西南院及中建八局均为中国建筑集团有限公司（以下简称中建集团）的二级子公司，依托母公司的局院协同战略，双方建立了长达 38 年的战略合作关系，携手完成了多个国家重点建设项目。同宗同源的企业关系以及长期的合作经验使得双方高层领导及各级人员均建立了良好的业务沟通机制，双方将本着 1＋1＞2 的原则组建运用 SPV 项目公司制理念的融合一体化项目部，彻底解决联合体单位"两张皮"的松散组织模式问题，保障本项目的顺利推进。

（2）组织保障

中建西南院及中建八局双方公司高度重视本项目的负责人人选，拟委派中建西南院工程总承包版块常务副总经理担任项目总负责人、中建西南院广东分院常务副院长担任项目设计负责人、中建八局金牌项目经理担任项目经理，并建立双方公司层面的项目决策委员会及总承包技术专家委员会，以对本项目进行强有力的组织保障，如图 4-4 所示。

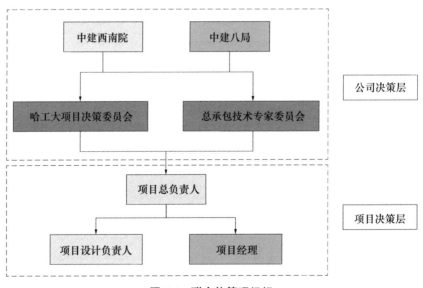

图 4-4　联合体管理组织

（3）资源保障

中建西南院与中建八局资源共享，充分发挥中建集团在技术、管理、分供等方面的资源优势。

技术方面，中建西南院现有国家级工程勘察设计大师 6 人、省级工程勘察设计大师 22 人、教授级高级建筑/工程师 112 人、高级建筑/工程师 691 人，并且组建了建筑工业化设计研究中心、BIM 设计与研究中心、绿色建筑设计研究中心等 19 个专业技术研发中心；中建八局现有享受国务院政府特殊津贴专家、教授级高工、鲁班传人、高级职称等专家人才 1700 多人；英国皇家特许建造师、国际杰出项目经理、国家注册一级建造师、注册结构工程师、注册建筑师、全国优秀项目经理等高端人才 1600 多人。

管理方面，中建西南院工程总承包版块在近 12 年的业务开展中，建立并完善了与工程总承包相适应的组织机构和管理体系，形成项目设计管理、成本采购合约管理、施工管理等工程总承包综合管理能力，现拥有专门从事工程总承包管理的人员 219 人；中建八局是住房和城乡建设部颁发的房屋建筑工程施工总承包特级资质企业，主要经营业务为房屋建筑总承包，拥有一套完善的总承包管理体系，双方均拥有完善的工程管理制度与一流的专业管理团队。

分供方面，中建西南院与中建八局凭借多年的设计、施工及工程总承包经验，在房屋建筑领域均积累了庞大的分供商资源库。局院双方将依托中建集团全产业链合作平台，对以上三方面资源进行深度共享、强强联合，打造符合中建品质的试点工程。

（4）经验保障

中建西南院作为全国参与房屋建筑领域工程总承包时间最早、规模最大的设计企业，自 2008 年以来已累计开展 50 余个设计牵头工程总承包项目，合同额超过 200 亿元，并在建筑师负责制的探索中处于行业领先地位。凭借多年的设计牵头工程总承包与建筑师负责制探索经验，中建西南院多次承办住房和城乡建设部及中国勘察设计协会组织的各项相关专题研讨会，并参编了《房屋建筑和市政基础设施项目工程总承包管理办法》《房屋建筑和市政基础设施项目工程总承包计价计量规范（征求意见稿）》等业内重要的标准及指导文件，如图 4-5 所示。以本项目为载体，全过程工程咨询将以项目参建人员为主体并邀请相关专家成立专项课题研究小组，加强与政府机关、协会组织及各大企业等的沟通交流，及时总结本项目试点成果，并结合中建西南院及中建八局的经验，完成多项关键课题研究，提升本项目的试点意义。

（a）　　　　　　　　　　　　　　　　（b）

（c）　　　　　　　　　　　　　　　　（d）

图 4-5　中建西南院近年承办的部分工程总承包相关会议

（a）工程总承包专题研讨会；（b）中国勘察设计协会工程总承包编写工作会；
（c）工程总承包研究和推进委员会成立大会；（d）四川省推动建筑业高质量发展工作会

二、项目统筹管理

1. 实行"建筑师负责制"

由项目设计负责人牵头组建驻场建筑师团队，明确驻场建筑师团队的职责（图 4-6），赋予驻场建筑师团队在合同履约全过程的话语权，保证其能够有效地对设计、采购、施工进行统筹管理，确保全过程负责制能够真正落地。同时，通过建立科学的薪酬激励机制，积极调动建筑师团队的主观能动性，在设计优化、造价控制、采购管理、施工监造等方面充分发挥设计主导作用，体现设计牵头工程总承包模式＋建筑师负责制的优势。

品控投资管理
解决建筑使用功能、品质价值与
投资控制的平衡问题

采购管理
把控材料品质，提高质量；
部分采购工作前置至设计
阶段，缩短工期

设计及设计管理
完成设计及施工阶段的设
计服务工作，促进设计与
施工深度融合，落实技术
协调和质量管理，实现建
筑精细化

施工监造
专业建筑师团队驻场管
理，重点把控施工质量
及工期

驻场建筑师团队

图 4-6　"驻场建筑师"主要职责

2. 全方位质量管控机制

（1）设计质量管控

1）精细化设计审查机制

精细化设计指完成高于相关规范要求深度的设计成果，实行精细化设计有利于在设计源头提高整个工程的质量。

本项目将按照中建西南院 70 年来建立的精细化设计企业标准，认真负责地对本项目进行精细化设计，设计深度将高于相关规范要求深度。全过程工程咨询单位将针对本项目"国际＋设计"的特点，结合方案设计"山水建筑"的理念及深圳市建筑工务署各项工程技术标准，从用户体验的角度进行有针对性的人性化设计，采用菜单化、标准化等方式详细调研使用单位的功能需求，并对设计成果进行人性化设计审查，确保充分考虑人体工程学，体现建筑的人文关怀，表达"山水建筑"的设计语言；同时，实现专业分包的同步设计，结合不同专业的施工工艺和具体做法进行施工图深化和优化设计，提升设计成果的精度与深度，减少施工过程中的设计变更；另外，借助 BIM 等手段，解决重点部位的安装问题及施工可行性问题；为确保精细化设计能够真正落地，全过程工程咨询单位建立"多奖励、严审查"的精细化设计管理机制（图 4-7）。一方面，建立精细化设计激励机制，科学合理地补偿设计师收入，调动其主观能动性完成精细化设计工作；另一方面，建立出图前的三级校审—设计商务施工三方会审—院总包技术专家委员会审批机制，确保精细化设计成果符合项目要求。

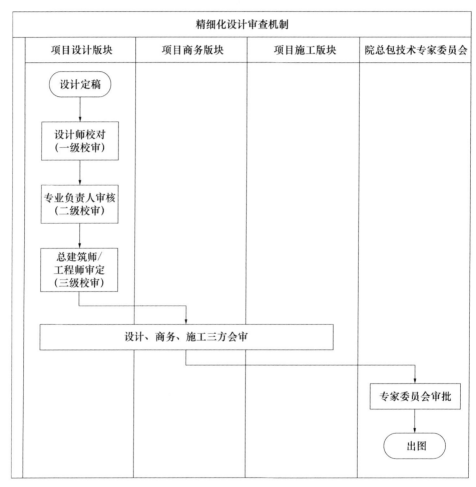

图 4-7　精细化设计审查机制

2）专业设计师驻场模式

本项目采用创新的驻场设计方式，即专业设计师驻场完成设计及后续服务工作，打破设计与施工长期以来在时间、空间上的壁垒。采用专业设计师驻场模式，一方面，项目商务及施工版块能在设计阶段全过程深度参与设计优化、图纸校审等工作；另一方面，专业设计师可在施工及验收阶段及时提供技术支撑，保障设计效果在工程成果中充分体现。表 4-3 为驻场设计模式与传统设计模式的对比。

驻场设计模式与传统设计模式的对比 表 4-3

对比项目	驻场设计模式	传统设计模式
设计质量	商务、施工版块全程参与设计优化，保证设计成果造价合理、施工便利，大大提高了图纸的可实施性	商务、施工版块无法深度参与设计，设计成果往往不能完全满足造价、施工的要求，施工阶段可能出现大量的变更
项目进度	大大加强了设计成员的投入度，设计人员实时掌握现场最新情况，有针对性地调整设计计划，保证各节点施工进度顺利推进；施工版块深度参与设计，节约图纸交底时间	设计人员不了解现场最新情况，待完成所有阶段性成果后再进行图纸交底，项目进度风险大
施工质量	设计人员深度监管施工情况，及时提供技术支撑，从源头解决施工质量问题	设计人员完成交底后不再跟进项目施工情况，施工人员无法及时得到技术支撑，施工质量存在风险
管理制度	设计、施工一体化管理，建筑师全过程负责制得以真正落地	无法解决设计、施工"两张皮"问题，建筑师负责制沦为表面形式

3）商务版块参与设计

为实现工程品质与造价的平衡，项目商务版块全过程参与设计，根据业主的品质要求制定全专业的限额指标，并对各阶段的设计成果进行建设标准与限额的双复核，实现品质投资平衡设计，确保最终设计成果能够同时满足工程品质与造价控制的要求，避免因概算超投资估算或施工图预算超概算导致设计图纸反复修改。

造价控制是本项目试点成功的关键因素，而在设计阶段的造价控制对整体造价控制起着决定性作用。为充分发挥"设计牵头＋建筑师负责制"在造价管控上的优势，中建西南院拟委派工程总承包版块商务成本负责人担任本项目造价投资控制负责人，统筹本项目的投资控制管理工作，联合设计技术、工程技术以及商务团队组建专门的投资控制团队，全程、全面、全专业跟进配合建筑师团队，开展全阶段的投资控制。此外，中建西南院直属生产部门造价院将作为技术支撑团队，在合同履约全过程协助项目商务部及责任建筑师团队完成各项造价技术工作。本项目投资控制团队构成如图 4-8 所示。

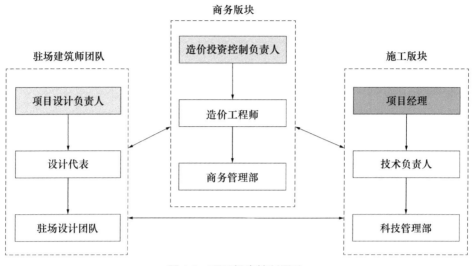

图 4-8 项目投资控制团队

全过程工程咨询单位根据 50 余个设计牵头工程总承包项目所积累的投资控制经验，创建了一套行之有效的投资控制管理措施（图 4-9），包括"三预"管理、"四段法"投资测算、品质投资平衡设计、限额设计及动态跟踪管控，在确保工程高品质的情况下，实现造价的投资控制要求。

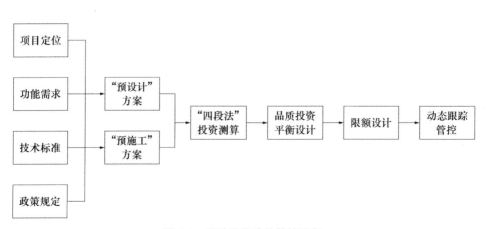

图 4-9 设计阶段造价管控流程

设计管控流程中同时进行"预设计""预施工"及"预造价"三预管理。"预设计"指在初步设计（本项目建筑专业除外）前，以技术标准为重要依据，参考方案图纸及功能需求，组织经验丰富的设计人员分专业进行模拟设计，确定项目的基坑支护方案、基础选型及尺寸、结构选型、内外装饰风格、机电专业的系统及材料设备选型等。"预施工"指在设计准备阶段，施工技术人员依据项目方案图纸及现场实际情况，结合自身施工组织经验，针对项目施工过程中的重难点提前编制专项施工方案。"预设计""预施工"方案将作为"预造价"的重要基础资料。"预造价"是指根据"预设计"及"预施工"成果资料，采用"四段法"的测算方式编制的较为详尽的造价测算资料。

4）施工版块参与设计

项目施工版块结合招标人提供的项目前期图纸及现场实际情况完成"预施工"方案（指在设计准备阶段，施工技术人员依据项目方案图纸，结合自身现场经验，针对项目施工过程中的重难点提前编制专项施工方案），并在设计启动前对设计人员进行"预施工"方案交底，让设计人员在充分了解项目现场情况及施工重难点的基础上开展设计工作。设计过程中施工人员从施工技术、组织等角度出发，对阶段性设计成果进行及时复核、校审并提出优化建议，提高施工图的可实施性，避免施工阶段因设计图纸与施工技术、组织的冲突而产生设计变更。

（2）采购质量管控

1）全过程采购质量跟踪

在建筑师负责制体系下，由驻场建筑师团队主导项目的采购工作。通过赋予建筑师采购决定权，结合深圳市建筑工务署"样板引路"制度，使得所采购的材料设备充分满足业主需求及设计意图，从采购源头保证材料设备"性能优越、环保耐用、美观精致"。此外，驻场建筑师团队在完成采购工作后还需跟踪监管材料设备的施工及验收情况，确保采购物转变成高品质的工程成果。

2）依托全产业链平台采购

一方面，本项目卫浴产品、变压器、PVC 卷材底板、跑道及球场面层以及防水工程、人防工程、电梯工程、防火门工程、钢质门工程、木门工程、智能化工程、绿化工程将采用深圳市建筑工务署战略合作单位实施，对于已经纳入全过程工程咨询单位分包库的厂家及专业分包，全过程工程咨询单位将沿用既有的合作机制对其进行管理与配合。对于尚未纳入全过程工程咨询单位分包库的厂家及专业分包，全过程工程咨询单位将提前与相应的厂家及专业分包签订合作协议，要求其参与相关的专项深化设计与施工组织设计，并根据项目进度计划提前进行送样与排产。另一方面，对于不由招标人战略合作单位实施的内容，全过程工程咨询单位将严格按照招标文件的品牌要求，依托中建集团全产业链合作平台，充分利用中建集团平台在集采方面的优质资源（图 4-10），保证项目采购的质量，打造中建品质。

图 4-10 中建集团集采平台

（3）施工质量管控

1）驻场建筑师团队参与施工管理

在建筑师负责制体系下，通过明确责权及奖惩机制保证驻场建筑师团队深度参与施工管理及质量验收，确保按图施工能够落实到位，"山水建筑"及"国际＋设计"的建筑理念能在最终的工程成果中充分体现。此外，驻场建筑师团队在施工阶段可以提供及时的技术支撑，施工质量问题可从技术根源上得到解决。

2）建立施工质量"双保险"体系

在融合一体化项目部的组织架构下设立质量管理部，全面负责项目的施工质量。质量管理部部门负责人由中建八局相关人员担任，部门沿用中建八局成熟的施工质量管理体系，实行常规的施工质量管理，建立"第一层保险"。中建西南院派驻相关人员担任部门风控负责人，专职进行风控管理，重点识别并消除施工过程中的质量风险，形成"运行＋风控"的项目推进体系，建立"第二层保险"。两套体系目标一致、独立运行，形成质量风控"双保险"，达到质量控制 1＋1＞2 的效果。

3. 报批报建管理

工程项目报批报建不仅是行政审批部门对项目建设合规性的监管，同时也是建设单位从工程设计、质量和安全文明施工等方面进行管理及保护的相关权利，一直受到业主的高度重视。

（1）报批报建存在的问题

在优化营商环境和建设项目审批改革的大背景下，深圳市在 2018 年 7 月 9 日正式发布《深圳市政府投资建设项目施工许可管理规定》(深圳市人民政府令第 310 号，又称"深圳 90"改革措施)，并于 2018 年 8 月 1 日起正式实施。为实现"深圳 90"改革目标，大幅提高审批效率，深圳市审批部门将由被动审批向主动服务建设项目转变，同时将改变"以批代管"的行政审批观念和模式，加强对有关项目的事中、事后监管。

通过梳理行政审批流程，汇总形成建设项目审批事项目录，对深圳市建设项目办理的事项名称、办理条件、申请材料、办理时限等均作出明确要求，并将原来的审批时限压至三分之一。其中，政府投资房屋建筑工程类项目从立项到竣工验收，审批时间控制在 41 个工作日以内。

但是，在深圳市建筑工务署项目报批报建过程中，仍然存在以下问题：

第一，行政审批部门对深圳市建筑工务署组织管理架构不清晰导致的误解。深圳市建筑工务署的项目管理分工是以初步设计概算批复为移交节点，分别由工程设计管理中心和住宅工程管理站对项目进行管理。在报建平台出现建设单位名称不匹配问题，如施工许可证第一次申报时系统中无法选择深圳市住宅工程管理站。同时，部分政府审查经办人对深圳市建筑工务署管理架构不清晰，分不清深圳市建筑工务署、深圳市住宅工程管理站、深圳市建筑工务署工程设计管理中心之间的关系，导致经办人产生误解，如消防审查经办人对建设单位负责人提出疑问。

第二，使用单位提出调整意见导致报建事宜产生变更。项目使用单位在方案深化或施工图阶段提出若干调整意见导致报建事宜变更，如校方提出需调整食堂货梯、取消四层扶梯等意见是在办理工程规划许可证之后，食堂的一系列调整将需申报工程规划许可证变更；如项目名称由"哈尔滨工业大学（深圳）国际设计学院项目"变更为"哈尔滨工业大学深圳国际设计学院项目"，后续所有批复、许可证及网络平台的项目名称需同步变更。

第三，报建需政府多单位、多科室协调的事宜办理进度慢，突发意见多。项目办理用地规划许可证阶段需大学城管理办公室同意并盖章后申报深圳市住房和建设局，因审核出现反复，各单位对修改后的审核盖章办理缓慢，容易造成延误。在工程规划许可证阶段需深圳市住房和建设局公共关系科与建管科协调办理，针对教学区红线及与一期相邻的校园路调整提出不同意见，多科室、多个经办人协调难度大，耗费时间长。

第四，审核单位对规范或政策理解不一导致审核尺度不一。不同单位（深圳市住房和建设局、图审公司）或个人（经办人、设计师）对规范或政策理解各不相同，导致在审核过程中审核尺度不一。但通常此类问题对设计或施工影响较大，需耗费大量的时间和精力协调解决，如用地规划许可证申报阶段，对于用地红线和与一期相邻的校园路处理问题。

第五，政府审核办公时限导致的问题。政府审核办公系统中对各个业务条线均设置了严格的办理时限，因经办人在审核过程中难免会提出诸多相关意见，如果严格按照审核办公时限，则只能被驳回。在严格的办公时限要求下必须提前做好线下预审，才能保证顺利通过审批。如工程规划许可证办理时限为 5 个工作日，若无提前预审或者预审沟通不到位，则无法按照正常时限办理完成。

（2）报批报建管理机制

1）报批报建职责分工

工程项目报批报建资料多，资料整理阶段涉及的协调单位多、人员复杂、工作量大。本项目明确了 EPC 总承包单位与全过程工程咨询单位在报批报建过程中的工作职责。其中，EPC 总承包单位工作职责为主动和积极与图审公司沟通，确保图纸通过图审；负责办理施工许可证及负责开工至竣工验收过程中所有相关的报批报建手续；包括但不限于：办理各类材料设备考察及驻场监造、配套手续、工程设计（包括人防、海绵城市、消防、节能、环保、用水节水评估等备案）手续和施工审批、验收、备案手续等。

2）报批报建管理策划

全过程工程咨询单位进场开展工作后，针对项目所处阶段及相关行政审批政策进行分析。秉承准备报建资料的同时，如有必要，到相关行政审批部门了解清楚报建所需资料成果文件编制深度的要求，对提交文件的准确性及进度进行整体把控，确保一次性通过。梳理各行政审批部门负责的审批事项、审批时间及资料编制深度要求后，结合项目总进度计划编制报批报建详细专项进度计划，为项目建设的顺利推进保驾护航。项目报批报建流程如图 4-11 所示。

EPC 总承包单位进场后，立即展开项目交底工作，通过会议形式的确认，对项目报建重难点、时间要求等进行详细介绍，确保 EPC 总承包单位对项目有足够详细的了解，更快地适应并投入项目报建工作的开展中。通过报批报建专项交底会议，明确指定专职人员、会议制度、影响因素评估与分析、跟踪督办等事项。随着"深圳 90"改革措施的推行，在行政审批实施过程中进行了相应调整。本项目建设过程处于调整阶段，并实时跟踪政策变化进行报批报建工作。

3）报批报建人员培训

人是报建工作的主导者、执行者，如何在不违背国家和地方法律法规以及不损害国家和集体利益的前提下顺利开展报建工作，须加强对报建人员培训和教育，主要包括以下方面：

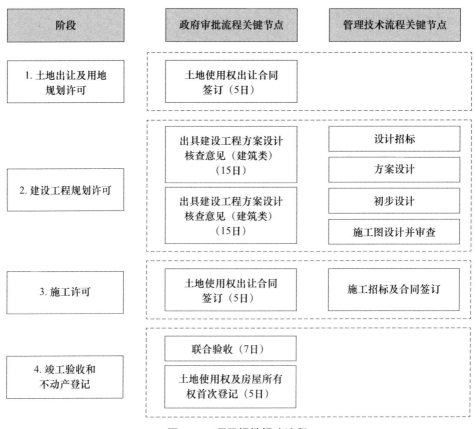

图 4-11　项目报批报建流程

第一，专业基础知识培训。深圳市报建涉及部门繁多、专业知识强、审查严格、对建设单位自身要求高，报建人员需掌握与建设工程相关的基本知识，包括常用术语、地方性法规，并熟悉建设程序，同时能大致看懂建筑平、立、剖面图，便于与相关主管单位及审批人员进行沟通。

第二，语言表达及人际交往能力培训。工程前期报建人员除了需要与政府职能部门打交道外，还需要与勘察、设计、监理、施工单位沟通和交流，建立良好的沟通渠道。

第三，相关政策知识培训。通过加强新政策培训，加强与报建部门的沟通，确保报建资料的完整性。对于图纸等，需要事先请专业技术人员审核，确保图纸的准确性，避免报建审批后与实际施工不符，导致重新申报变更。

4. 项目例会制度

本项目建设工期紧、任务重、要求高，工程规模大、专业多、内/外部协调量大，设计、施工、供货等参建单位众多，要做好对各参建单位的组织与协调，会议是其中最重要的手段。

其一，对本项目需要召开的会议进行统一规划。各类会议包括市政府领导决策会、市政府领导汇报会、深圳市建筑工务署协调会、项目管理周例会、设计周例会、商务例会、专题协调会、监理例会、安全例会、工程生产协调会及高峰期关键线路碰头会。

其二，对各类会议的目的、内容、准备、组织以及时间、频次等进行合理、统一的规划，确保各类会议有序召开，避免冲突与混乱。

其三，加强会议纪律管理，强调会议纪要的严肃性。对于会议决议事项及时跟进督促各方的工作落实。

为了解决项目部及各参建单位之间信息的准确传递、及时沟通、迅速决策，建立例会制度（表4-4）。

项目例会制度　　　　表 4-4

会议名称及类别	召集人	出席单位/人员	会议频率
建筑工程管理例会	全过程工程咨询单位项目负责人	深圳市建筑工务署、全过程工程咨询单位项目部领导班子及成员等	每周一次
设计管理例会	全过程工程咨询单位项目经理	深圳市建筑工务署、全过程工程咨询单位及设计单位	每周一次
监理例会/工程例会	全过程工程咨询单位总监或总监代表	深圳市建筑工务署、全过程工程咨询单位、施工单位、设计单位和其他相关参建单位	每周一次
专题协调会	专题发起单位项目经理/负责人	深圳市建筑工务署、全过程工程咨询单位和专题会议相关单位	不定期
BIM专题会	BIM项目负责人	深圳市建筑工务署、全过程工程咨询单位、施工单位和相关分包单位	视进展情况，按需组织
绿色建筑专题会	绿色建筑项目负责人	深圳市建筑工务署、全过程工程咨询单位、EPC总承包单位和相关分包单位	视进展情况，按需组织

会议应该高效、实用：会议必须有明确的目的性，并做好会前准备和会议记录，保证会议的效率、严谨性和可追溯性，并建立会议成果、要求督办落实制度。

5. 协同交互机制

本项目参与方多，涉及建设单位、全咨单位、设计施工总承包单位、造价咨询单位、前期设计单位、前期设计管理单位、勘察单位、第三方巡查单位、检测监测单位及甲指分包单位等，是非常典型的多方组织协作关系。一旦项目各参与方之间的数据沟通、协作受阻，就容易形成一个个"信息孤岛"，甚至会拖慢整个项目进度。项目管理者与参与者通常会用微信、电话、电子邮件来沟通和传输文件，协作平台不统一，项目信息分散在各平台、各参与者手中，信息数据容易分散或丢失，协作效率低下。在此情况下，项目管理者需要将各方协作单位，通过系统对数据进行安全收集、分析处理，并将数据共享至各个参建方，实现动态成员管理与信息、文档共享。项目对接管理者通过建立微信小程序、电脑端、大屏等，能够快速收发、下载、共享文档，避免文档数据丢失损坏，充分发挥移动办公协作的便利性。在这一过程中，需要保证各方文档的规范性、及时性、完整性和安全性。

三、项目设计管理

1. 深圳市建筑工务署设计管控措施

深圳市政府投资项目委托深圳市建筑工务署负责具体建设实施。深圳市建筑工务署负责的建设项目，建设全过程可分为五个阶段，即前期阶段、开工准备阶段、施工阶段、竣工验收和移交阶段、保修阶段。其中前期阶段从项目建议书开始至初步设计或概算完成期间的项目管理工作由工程设计管理中心负责；从施工图设计开始，项目管理工作由项目组负责。前期管理主要目标是以满足最终用户需求为目标，贯彻全生命周期理念，通过一系列前期策划以及质量控制、投资控制、进度控制，实现安全、经济、适用、美观、可实施的控制目标。项目前期管理任务是以设计等技术管理为主线，在规定的投资限额和合理工期内，满足使用需求，提高设计质量，完成前期阶段各项基本建设审批程序，确保建设规模、建设标准、使用功能及投资符合批复要求，为后续现场实施创造良好条件。

深圳市建筑工务署设计管控贯穿项目全过程。从立项开始，深圳市建筑工务署介入项目，结合项目整体要求（如进度、投资、质量）进行项目管控策划，并分别在方案、初步设计、施工图设计阶段有侧重地从需求、效果、限额设计、设计质量等方面对方案文本或图纸质量进行把控。进入施工阶段后，主要从施工配合和变更管理两方面进行管理控制。

（1）方案设计管理

1）组织需求调研

项目单位的项目负责人组织全过程工程咨询单位（如有）、设计单位与项目使用单位进行需求调研工作。在可行性研究的基础上，细化设计需求和建设标准，并进行充分沟通，使用单位、项目组、全过程工程咨询单位及设计单位签字确认。

2）编写《方案设计任务书》

根据需求调研报告编写《方案设计任务书》，按规定征询需求单位意见，并针对意见修正完善《方案设计任务书》。

3）负责过程管控

深圳市建筑工务署负责设计过程中与设计单位进行设计中期交流，及时沟通解决设计过程中的问题；督促设计单位按进度要求提交设计成果，并汇报方案设计成果；组织设计单位向政府相关行政审批部门进行意见咨询，包括但不限于技术经济指标、交通与流线规划、群体空间形态规划、景观规划、通风分析、绿化分析、日照阴影分析等；督促设计单位按相关咨询意见进行调整。

4）组织专家评审会

深圳市建筑工务署组织设计单位汇报建筑方案设计成果，并按要求进行方案设计专家评审；如需上报深圳市宝安区政府规划领导小组会议审定方案设计的，应邀请区专家库的专家进行方案设计评审工作，汇报后 3 天内收集相关部门和专家的评审意见，并督促设计单位根据评审意见对建筑方案进行修改、调整，必要时重新组织对设计成果的评审。

（2）初步设计管理

深圳市建筑工务署负责组织使用单位、项目单位、建设单位、全过程工程咨询单位（如有）和设计单位，进行初步设计图纸审核，各单位提出明确意见，设计单位进行优化和落实。

项目单位的项目负责人（组）对初步设计图纸及概算的完整性进行核查，确保其完整性，不出现重大缺漏，初步设计概算不超可行性研究估算；负责向相关单位征询初步设计图纸及概算意见，督促设计单位和造价单位按意见进行修改后，组织初步设计概算评审会；项目单位申报初步设计概算，并由深圳市宝安区发展改革部门上报区政府常务会通过。

（3）施工图设计管理

负责组织使用单位、项目单位、建设单位、全过程工程咨询单位（如有）和设计单位，进行施工图设计图纸审核，各单位提出明确意见，设计单位进行优化和落实。

项目单位的项目负责人（组）对施工图设计图纸及预算的完整性进行核查，确保其完整性，不出现重大缺漏，施工图预算不超初步设计概算；负责向相关单位征询施工图设计图纸及预算意见，督促设计单位和造价单位按意见进行修改后，组织施工图设计预算评审会。

（4）设计效果落地措施

为提升深圳市政府投资重点工程设计效果的落地性，加强建筑外立面（含幕墙）工程、室内装饰工程设计效果落地的管理工作，制定了以下措施：

1）设计效果技术审查机制

制定设计效果技术审查流程（图 4-12），明确设计、施工阶段涉及设计效果的关键环节及其技术审查流程，提升项目建筑外立面（含幕墙）工程、室内装饰工程全过程设计效果的落地性。

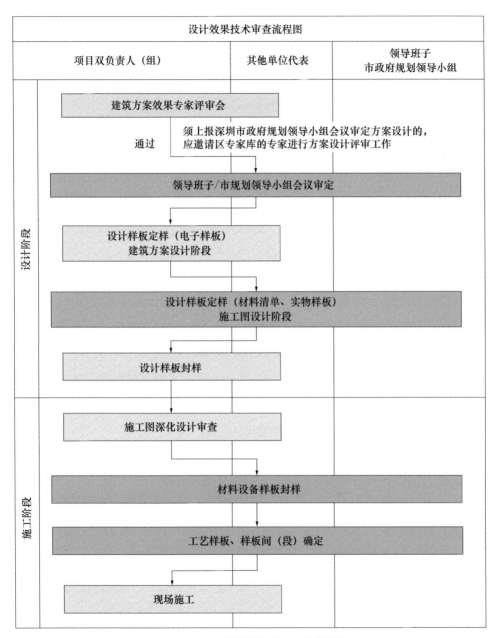

图 4-12 设计效果技术审查流程图

2）实施设计效果样板机制

① 设计样板。根据设计阶段的深度要求，由设计单位制作设计样板（电子

样板和实物样板），在设计方案确认后提交项目单位的项目负责人（组），并由项目单位的项目负责人组织项目单位、建设单位、设计单位、需求单位等各方共同确认后完成设计样板定样，初步设计概算批复后经设计单位优化及各方确认后，完成封样并作为总承包招标样板。

② 材料设备样板。施工前，施工单位根据招标文件及设计要求（含设计样板）提交的满足设计样板或招标样板各项技术指标以及招标文件要求的品牌，并经项目单位、建设单位、设计单位、监理单位（含全过程工程咨询单位，以下简称监理单位）、需求单位、施工单位等共同验收的材料设备实物样板。所有材料设备样板应由项目双负责人、设计单位、施工单位和监理单位的材料设备样板验收人共同签字批准，并封存于样品库中，作为材料设备进货验收和工程验收的重要依据。施工单位最终在工程中使用的材料设备应在技术参数、外观、规格、品质、品牌约定等方面符合样板要求。

③ 工艺样板。施工前根据设计要求，在小范围内或者选择某一个特定部位进行单个工序的施工，制作成样板进行展示以确定工艺做法。

④ 实施样板。施工现场各道工序大面积开始施工前，根据已审批的样板引路实施方案，由施工单位的现场施工班组在施工图纸要求的现场部位施工的实体样板，作为该工序技术交底及质量验收的依据。

⑤ 样板间（段）。在装修或安装工程开始大面积施工前，在公共展示区先行施工一个包含建设内容的标准单元的实物样板间（段）。

2. 全咨单位设计管控措施

（1）嵌入式设计管理模式

本项目为强设计管理的设计牵头 EPC 项目管理模式，相较于一般项目全过程咨询的设计管理，EPC 设计牵头项目的全咨单位设计管理措施的总体统筹力度更强，介入各专业工作更深入。为了实现管控目标，全咨单位在介入项目初期进行组织架构搭建和设计管理策划，形成嵌入式设计管理模式。如图 4-13 所示，全咨设计管理嵌入在深圳市建筑工务署项目主任与 EPC 总承包设计管理中间。

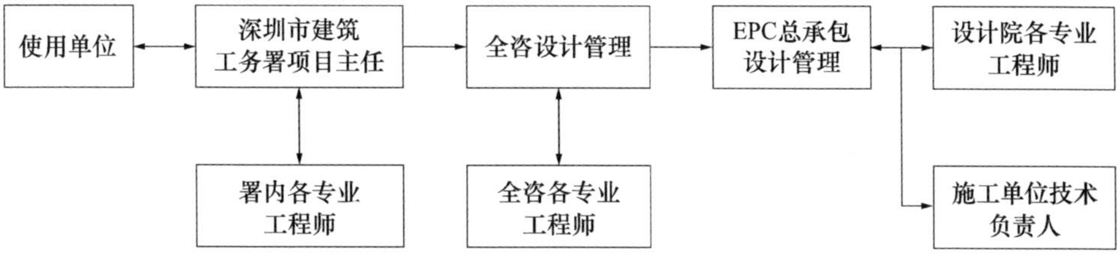

图 4-13 适应性组织架构

　　EPC 模式的管理体系不是简单的设计管理、采购管理和施工管理的累加，而是一个系统工程。完善的管理体系文件包括组织架构、职能职责、资源配置、项目管理制度等。要求中建西南院提交本项目设计管理一级策划，完善管理体系文件。根据项目总体进度计划，即结合报批报建计划、施工总进度计划，编制设计总进度计划。在本项目设计总进度计划内容中，体现与设计有关的关键节点目标。EPC 总承包单位进场之后，完成本年度资金申请计划而制定初步设计报概计划；配合此目标完成，协调前期咨询公司、全过程工程咨询单位共同完成概算设计图纸的审核工作等。强化目标意识，分析目标，将目标分解为若干阶段，落实跟进每个阶段的计划执行情况，响应项目组要求，协调督促 EPC 总承包单位充分发挥系统内部资源优势，为完成计划创造条件。组织全过程咨询专业工程师、深圳市装配式专家、超限专家分别对各阶段设计技术文件进行预审，解决中建西南院在深圳设计落地性不强，在报规报建政策要求、超限技术审查、装配式评审等方面对深圳市政策熟悉了解程度欠缺而造成进度出现偏差等问题。

（2）精细化设计审查机制

　　图 4-14 为本项目施工图确认流程，首先是 EPC 总承包单位内部审查，经过"四方"联合审查，全咨单位审查修改情况，设计中心与工程站专业工程师审查后，施工图成果才能被确认，提交设计中心项目设计成果备案。

　　1）EPC 总承包单位内部审查

　　EPC 总承包单位内部审查的目的旨在检查是否符合招标文件、工程总承包合同、设计任务书、国家标准、设计规范、施工图设计深度要求；除此之外，还要求 EPC 总承包施工方须从施工角度对设计提出优化意见，避免在施工阶段出现比较多的变更。

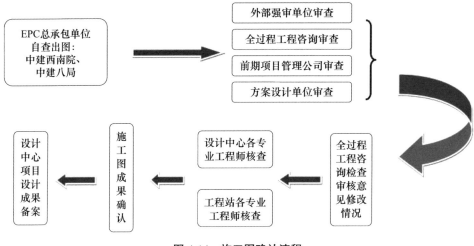

图 4-14　施工图确认流程

2）"四方"联合审查

第一，第三方施工图单位强审。根据政府主管部门对建筑工程勘察设计质量监督与管理的有关规定，设计单位完成施工图设计工作，需要由建设单位委托第三方有资质的施工图审查单位对施工图进行审查，审查的主要内容包括：建筑物的稳定性、安全性审查，包括地基基础和主体结构体系是否安全、可靠；是否符合消防、节能、环保、抗震、卫生、人防等有关强制性标准、规范；是否损害公众利益；施工图是否达到规定的深度要求。

第二，项目前期咨询公司审查。根据项目批复的可行性研究报告、招标文件、设计任务书，全面检查施工图设计内容是否满足以上文件要求；根据国家标准、规范检查施工图设计内容是否满足要求；根据方案设计内容检查施工图设计是否满足方案设计要求。

第三，前期中标的国外方案设计单位审查。主要审查施工图设计内容是否包含建筑方案所有设计内容，施工图设计深化后是否能保证建筑功能不受影响；施工图设计是否能确保方案设计效果准确落地实现，尤其关注外立面设计效果是否满足方案要求。

第四，全过程工程咨询单位全专业审查。在以上各单位审查内容的基础上，审查是否满足招标文件的内容、深度要求；审查施工图设计是否有利于投资、进度、质量控制。

3）全咨跟踪复审

结合投资、进度、质量控制目标，对各专业施工图设计进行全面精细化审查（包括设计深度、质量、品质、功能、造价、可实施性等），并出具精细化审查报告，跟踪审查意见的落实修改情况，对修改后的图纸进行复审。

全过程工程咨询单位检查落实各方审查意见修改情况，并形成施工图审查意见反馈表。"四方"对施工图审查完成后，全过程工程咨询单位负责检查落实设计院对所有审查意见的修改工作，确保所有审查意见修改到位；针对审查意见无须修改的需要陈述原因，由全过程工程咨询单位负责协调相关人员对其原因进行确认。

4）成果审查确认

深圳市建筑工务署工程设计管理中心、住宅工程管理站各专业工程师核查审核意见修改情况，形成项目施工图设计成果审查确认表。

项目组提交施工图设计成果审查确认表，根据深圳市建筑工务署工程设计管理中心设计资料备案平台要求，方案设计单位、施工图设计单位、全过程工程咨询单位分别将各阶段设计成果上传到平台后，至此完成施工图成果备案工作。

（3）专项设计深化管理

① 制定《设计分包管理办法》。为规范设计分包管理流程，提升管理效率，达到管理效果，明确各方职责，要求中建西南院制定《设计分包管理办法》。

② 比选最优分包单位。要求中建西南院签订分包合同前，将有实力的分包单位能公司介绍、营业执照、资质证书、业绩材料等重要信息提交项目组、全咨单位审核，最终确定合格的分包设计单位。

③ 审核设计院专项分包合同内容。仔细核对合同条款，重点关注合同中关于分包设计深度、设计进度、现场配合以及违约条款等关键内容。

④ 制定分包设计工作计划。设计分包单位合同签订后，须根据工程总进度计划编制设计总进度计划及详细分项设计计划、人员配置及分工表，由 EPC 总承包单位审查确认后，报送全咨或业主审批。由 EPC 总承包单位对设计进度计划进行过程跟踪，设计计划出现偏差时，及时了解滞后原因并进行原因分析，

及时调整纠偏，确保进度计划顺畅实施。

3. EPC 总承包单位设计管控措施

在设计牵头 EPC 项目管理模式下，以融合一体化项目部作为基本架构，在涉及设计与施工融合的各类事项中，建立以设计部为技术管理核心，工程技术部、安全管理部、质量管理部及商务管理部等多部门协同的工作机制。

在设计阶段，设计部组织各部门参与整体进度计划、设计定案、设计施工融合会商、设计成果三级校审，达到后端参与前端的目的。

（1）设计部牵头的统筹机制

在设计牵头 EPC 项目管理模式下，为将"以设计技术为主导"的理念充分落地，需从项目部运行管理层面建立由设计部牵头的统筹机制（图 4-15），即设计部作为"带头大哥"，在项目建造全生命周期对进度（包括设计进度、施工进度、招标采购进度）、质量（包括设计效果、图纸质量、施工质量）、安全（包括主动安全设计）以及投资进行整体统筹并为项目管理层提供各项决策的技术支撑，从而最大限度地发挥设计作为龙头为项目整体带来的增值价值。

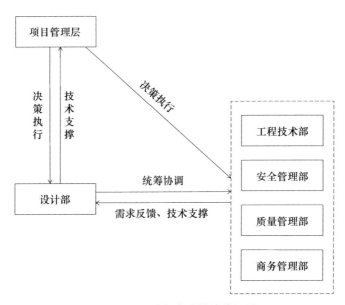

图 4-15　设计部牵头的统筹机制

（2）全过程协同管理

具体到实施层面，可分为计划阶段、设计定案阶段、设计实施阶段、设计成果审查阶段、设计交底及施工部署阶段、施工阶段及竣工验收阶段。

1）计划阶段协同管理

在项目实施前的计划阶段，由设计部组织工程技术部及商务管理部完成项目整体进度计划编制并以此作为项目推进的首要目标，具体流程如下（图 4-16）：第一步，由设计部、工程技术部及商务管理部针对合同履约要求确定项目主要进度节点；第二步，以主要进度节点为基础，设计部与工程技术部分别编制具体的设计进度计划及施工进度计划；第三步，设计部与工程技术部将设计进度

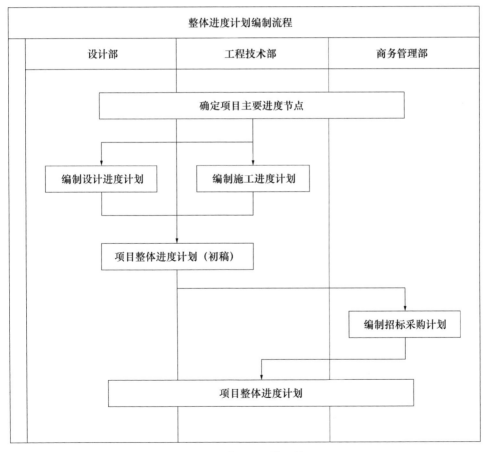

图 4-16　计划阶段协同管理

计划及施工进度计划进行整合，对实施逻辑、时间节点有冲突的地方进行调整完善，形成初步的项目整体进度计划；第四步，商务管理部根据初步的项目整体进度计划编制招标采购计划并再次整合；第五步，设计部、工程技术部及商务管理部对项目整体进度计划进行最后的检查调整，形成最终的项目整体进度计划。

2）设计定案阶段协同管理

设计定案阶段是设计的核心阶段，此阶段形成的定案结果将作为设计成果的指导目标，同时此阶段也是设计成果对项目实施过程中进度、质量、投资影响最大的阶段，需对设计与施工的融合进行重点管控，具体流程如下（图4-17）：第一步，由设计部牵头、商务管理部配合，对合同的设计范围、设计技术标准、施工范围进行梳理，形成初步的设计任务书；第二步，根据初步的设计任务书，设计部提供必要的技术参数（预设计），配合商务管理部完成投资测算（预造价），制定各专业的设计限额，同时工程技术部、安全管理部及质量管理部根据项目场地条件及实际情况梳理并进行模拟施工（预施工），梳理施工的重难点，设计部将预设计、预施工、预造价结果进行整合，形成最终的设计任务书；第三步，设计部组织商务管理部、工程技术部、安全管理部及质量管理部，以设计任务书为基础，对设计技术团队进行范围界面、技术标准、施工重难点以及各专业设计限额等方面的详细交底，形成设计定案结果。

3）设计实施阶段协同管理

广义的设计实施阶段包括施工图及之前的设计与施工图之后的设计变更。在此阶段，一方面各专业的设计初步成果已陆续完成，另一方面部分采购及施工工作已开展（如在主体设计过程中往往已开始土方及支护施工），故此阶段的设计与施工融合是设计定案阶段的重要补充与完善，具体流程如下（图4-18）：第一步，各部门将初步设计成果或在招标采购及施工中遇到的与设计有关的问题以及初步的优化方案及时反馈至设计部。第二步，设计部组织相关部门对优化方案进行设计施工融合会商，其中设计部主要针对设计技术、设计工期、设计效果、使用功能等方面提出会商意见，工程技术部、安全管理部、质量管理部以及相关分供商主要针对施工工期、施工可行性与便利性、场地部署、材料进出场、安全文明施工等方面提出会商意见，商务管理部负责对方案进行造价测算及采购可行性与便利性等方面提出会商意见。最终由设计部汇总整理，形成最终的设计施工融合会商记录并提交项目管理层决策。第三步，项目领导层对会商记录进行综合评估，完成决策、下发指令交执行层相关部门执行。

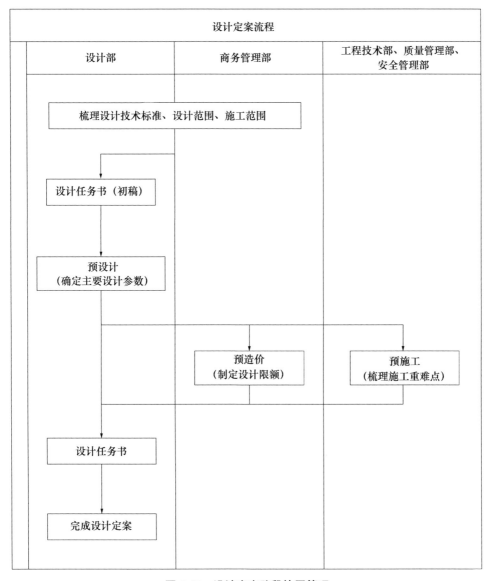

图 4-17　设计定案阶段协同管理

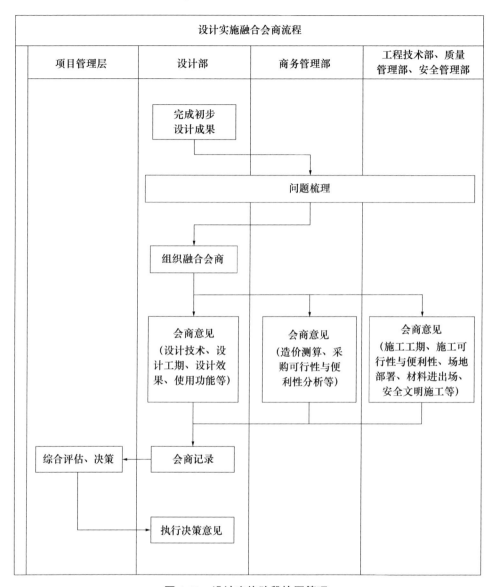

图 4-18 设计实施阶段协同管理

4）设计成果审查阶段协同管理

在设计成果（分批）完成后进行三级校审：第一级及第二级校审分别由各专业设计负责人及项目设计负责人进行内审，审核的主要方向为图纸本身的质量；第三级校审由设计部组织融合项目部各部门及相关分供商进行，主要针对设计施工的矛盾点以及设计定案、设计施工融合会商记录的落实情况进行复核，具体流程如下（图 4-19）：第一步，设计部组织各专业负责人及公司分管领导进行第一、二级校审，并同步组织项目部其余部门及分供商进行第三级校审，形成校审意见并提交项目管理层决策；第二步，项目管理层对校审意见进行综合评估并对设计部下发指令，完成设计图纸的最终修改。

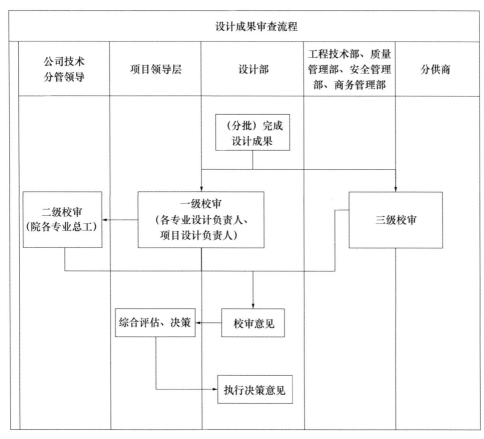

图 4-19　设计成果审查阶段协同管理

（3）"三预"管理机制

为充分发挥设计为龙头的技术研发核心价值，做好设计与质量、安全、进度、投资的融合，中建西南院在设计阶段引入"三预"管理机制，即"预设计""预施工""预造价"。

"预设计"是指在方案设计深化阶段，为达到工期、造价可以预测及量化分析的目的，以技术标准为重要依据，参考方案图纸及功能需求，组织经验丰富的设计人员分专业进行模拟设计，确定设计方向及主要参数。

"预施工"是指方案设计深化阶段，项目施工技术人员依据项目方案及"预设计"成果，结合自身现场经验，针对项目施工过程中的重难点、对项目投资影响大的施工组织措施，以及项目设计成果无法体现的施工技术措施，提前编制专项施工方案，充分考虑施工措施造价，以避免造价组成的遗漏。

"预造价"是指根据"预设计"及"预施工"的成果，量化预测对象内容的造价水平，基本达到施工图预算的深度。

通过"预设计"解决技术、采购、效果的问题；通过"预施工"解决质量、安全、进度的问题；通过"预造价"解决投资的问题，如表 4-5 所示。

"三预"管理代表案例　　　　　　　　　　　表 4-5

管理内容	比选方案	比选内容	选定方案	实施影响
基坑支护	环撑、角撑、双排桩、桩锚	工期、投资	桩锚	节约工期 3 个月，节约投资约 1000 万元
基础形式	独基、管桩、旋挖桩	工期、质量、投资	独基＋旋挖桩	节约工期、投资
边坡支护	16m 支护高度、13m 支护高度＋削坡	安全、质量、投资	13m 支护高度＋削坡	提高稳定性
宿舍连廊结构形式	混凝土结构、钢结构	安全、工期、投资	钢结构	提高施工安全性

4. 项目设计管控成效

本项目采用设计牵头的"设计—施工" EPC 模式，EPC 总承包单位（中建西南院＋中建八局）中标后充分发挥设计牵头的技术优势，根据建筑方案及现场实际地质情况，结合自身设计及施工方面的丰富经验，通过优化设计、协同设计、结合设计及跨专业综合校对等措施，利用设计管控实现本项目的进度增效、质量增效、安全增效与投资增效。

（1）进度增效案例

根据本项目地质勘察报告，场地开挖范围内地质情况复杂，包括人工填土、砾黏土、砾砂、砾质黏性土、花岗石等，且孤石较多（超前钻数据显示孤石率约为80%）。此外，场地东南侧距地铁5号线仅36m，部分区域位于地铁保护区内，需重点考虑地铁保护措施（图4-20、图4-21）。

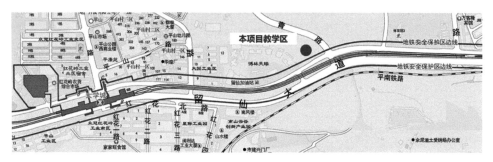

图 4-20　项目场地与地铁示意图

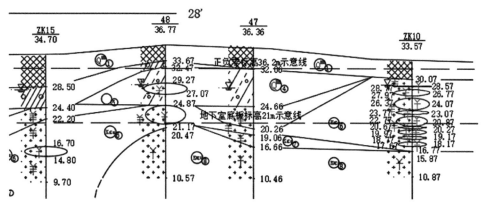

图 4-21　项目场地典型地质剖面图

为满足建筑原创方案中山川河流美感和灵动性的理念，体现空间的延展性，在负一层外侧设计了较多的下沉庭院，基坑标高复杂不统一，需进行分级支护。EPC 总承包单位（中建西南院＋中建八局），从质量、进度、安全、投资等方面进行全方位评估，根据建筑方案及现场实际地质情况，结合自身设计及施工方面的丰富经验，初步制定了四种基坑支护方案（图4-22）：环撑方案、角撑＋锚索方案、局部双排桩方案、单排桩＋锚索方案。

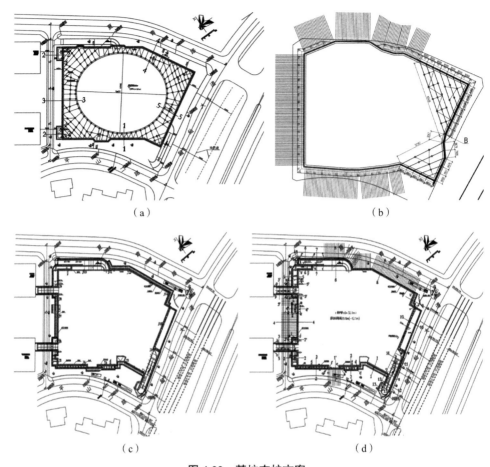

图 4-22 基坑支护方案

（a）方案一：环撑；（b）方案二：角撑＋锚索；
（c）方案三：局部双排桩；（d）方案四：单排桩＋锚索

方案制定后，EPC 总承包单位充分发挥以设计为主导的技术及管理优势，设计部积极统筹建筑、结构、给水排水及景观等专业，并联合工程技术部、商务管理部、质量管理部、安全管理部对四个支护方案进行工期、造价、施工便利性及安全文明施工等方面的综合比选，迅速完成了方案评估分析，如表 4-6 所示。EPC 总承包单位通过全面的评估分析并与全咨单位、项目组进行协商讨论，最终以工期及造价为主导因素，选择"单排桩＋锚索"的支护方案，工期与造价均实现增效。

基坑支护方案对比表 表 4-6

序号	方案名称	工期	造价	施工便利性	安全文明施工
方案一	环撑	约 11 个月	约 4000 万元	立柱桩需避免工程桩、柱、剪力墙，工程桩需在开挖前完成，场内孤石多，施工难度大	大量立柱桩影响土方开挖工作面，不利于安全文明施工
方案二	角撑＋锚索	约 10 个月	约 3000 万元	工序多，施工组织难度较大	支护形式多，现场观感差
方案三	局部双排桩	约 8 个月	约 3500 万元	工序少，土方开挖方便，但受孤石影响大	现场观感好
方案四	单排桩＋锚索	约 7 个月	约 3000 万元	施工难度较小，受孤石影响有限	现场观感较好

（2）质量增效案例

本项目装配式设计需满足《深圳市装配式建筑评分规则》，评分达到 50 分以上，EPC 总承包单位在进行装配式选型时考虑后期施工的质量控制，在满足评分标准的前提下避免使用预制混凝土框架柱，大多采用水平构件叠合板及装配式外墙（图 4-23）。

图 4-23 叠合板施工

（3）安全增效案例

项目教学区设计了两个长约 32m 的钢桁架连廊，常规项目在施工图完成后才进行施工组织设计，由于构件堆场及吊装荷载较大，需对地下室顶板进行二次加固，存在严重的安全隐患。

EPC 总承包单位对施工图设计与施工组织设计进行协同推进，工程技术部提前进行总平面构件的堆放、运输、吊装布置并将荷载需求反馈给设计部。结构专业根据施工需求合理确定地下室顶板荷载加强区，避免地下室封顶后再进行二次加固，提高施工安全性及便利性，并且减少了工期及成本，如图 4-24 所示。

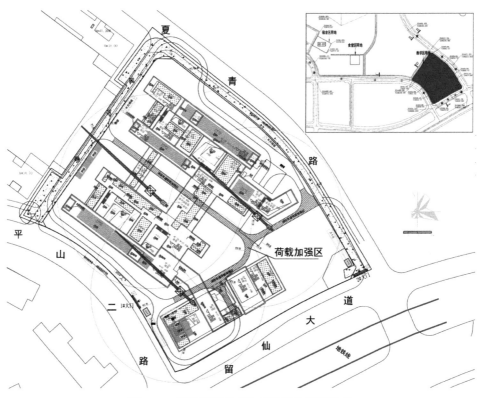

图 4-24 设计阶段考虑施工阶段的荷载需求

（4）投资增效案例

如通过结构专业复核并与勘察单位进行沟通，将宿舍区场地类别由Ⅲ类调整为Ⅱ类，提高结构设计的精确性，降低造价，节约工期（图 4-25）。

关于哈尔滨工业大学（深圳）国际设计学院项目宿舍区
开挖重整后场地类别及特征周期的说明

　　2020 年 1 月由深圳市勘察研究院有限公司出具的《哈尔滨工业大学（深圳）国际设计学院岩土工程详细勘察报告》（图号 KYY-KC-2019-0014-002）显示，本项目宿舍区场地土的类型为中软～中硬土，场地类别为Ⅲ类，设计特征周期为 0.45s。由于宿舍区场地勘察时位于约 20m 高的坡上，需对场地开挖重整，根据中国建筑西南设计研究院有限公司 2020 年 4 月 23 日提供的宿舍区场地开挖重整后紧邻地下室外最高地面标高为 29.58m，开挖重整前后相关数据对照见下表：

宿舍区场地开挖重整前后相关数据对照表

	孔号	地面标高 （m）	等效剪切波速 （m/s）	覆盖层厚度 （m）	建筑场地类别	特征周期（s）
原 地面	12	41.87	251.9	73.3	Ⅲ	0.45
	14	42.36	227.4	69.5		
重整后	12	29.58	304	60.93	Ⅱ	0.35
	14	29.58	281	56.64		

　　因此，本场地哈尔滨工业大学（深圳）国际设计学院项目宿舍区场地开挖重整后，根据《建筑抗震设计规范》（GB 50011—2010）（2016 年版）有关规定，宿舍区场地土的类型为中硬土，建筑场地类别为Ⅱ类，特征周期为 0.35s。专此说明。

深圳市勘察研究院有限公司

2020 年 4 月 25 日

图 4-25　宿舍区场地类别调整说明

　　如项目精装修工程严格进行限额设计，商务管理部与设计部进行全过程协同配合，按照"品质投资平衡设计"的思路——即通过精确的造价测算及设计优化，对关键部位增加投入、提升档次（如大堂、门厅、接待室、多功能教室等），对非关键部位（如吊顶内部非可视区域）节约投资、避免浪费，提高有限投资的性价比，如图 4-26 所示。

图 4-26 品质投资平衡设计

四、项目施工管理

1. 深圳市建筑工务署施工管控措施

（1）2020 先进建造体系

为贯彻落实党的十九大及习近平总书记"四个走在全国前列"等系列讲话精神，始终秉承深圳市建筑工务署"廉洁、高效、专业、精品"核心价值观，以"打造持续领先的政府工程管理机构，致力于建设具有国际水准的政府工程"为总目标，深圳市建筑工务署将全面推行政府工程先进建造体系——2020 先进建造体系，打造现代建筑业 3.0 版，实现深圳市建筑工务署在行业内理念引领、品质引领和技术引领。

2020 先进建造体系具有两层内涵：第一，"2020"指至 2020 年底，深圳市建筑工务署基本建成以"四大子体系"和"五项管控机制"为特点的政府工程先进建造体系；第二，"20＋20"指"四大子体系"和"五项管控机制"，分别包含 20 项富有特色、层次分明、务实有效、简明易懂的实施举措。

"四大子体系"（Four Systems），即"绿色建造体系""快速建造体系""优质建造体系"和"智慧建造体系"，主要从技术层面上构成政府工程先进建造体系。

"五项管控机制"（Five Control Measures），即"全方位履约评价机制""全链条质安监管机制""全系统精细化实测实量机制""全员培训与共同成长机制"和"全过程廉政监督机制"，从管理层面上构成保障政府工程先进建造体系合理实施的机制。

（2）项目 6S 管理工作指引

为实现深圳市建筑工务署"打造持续领先的政府工程管理机构，致力于建设具有国际水准的政府工程"的总目标，进一步提升建设工程安全文明施工管理水平，有效改善项目现场形象及施工过程中的工作环境，制定工程项目 6S 管理工作导则，对项目现场 6S 管理工作的推进做出引导和建议。

6S 为 Seiri、Seiton、Seiso、Seiketsu、Shitsuke、Security 的缩定，是指对项目施工现场和办公场所各要素所处状态不断进行管理和改善的基础性活动，具体包括：

整理（Seiri）指将工作场所内的任何物品区分为有必要的和没有必要的，除了有必要的留下来，其他的都彻底清除。把有必要的与没有必要的物品分开，再将没有必要的物品加以处理。其目的在于改善和增加作业面积，避免现场有杂物，提高工作效率，减少磕碰的机会，保障安全，消除管理上的混放等差错事故，提高质量、改变作风、提高工作情绪。

整顿（Seiton）指把工作场所内有必要的物品按规定位置摆放整齐，并加以明确标识。其目的在于让工作场所一目了然，消除寻找物品的时间，营造整齐的工作环境。

清扫（Seiso）指将工作场所内看得见与看不见的地方清扫干净，保持工作场所干净、亮丽的环境。其目的在于保持工作场所内干净整洁，保持良好的工作情绪，稳定工作品质。

清洁（Seiketsu）指将整理、整顿、清扫进行到底，并进行制度化、规范化，经常保持工作场所处在美观的状态。其目的在于维持整理、整顿、清洁的既有水准，根绝脏乱的源头，进而使工作场所明朗、干净，提升现场安全文明施工形象。

素养（Shitsuke）指每位成员养成良好的习惯，并遵守规则做事，培养积极主动的精神（也称习惯性）。其目的在于提高人的素质，养成工作讲究认真的习惯，营造良好的团队精神。

安全（Security）指重视成员安全教育，每时每刻都有安全第一的观念，防患于未然。其目的在于减少事故，杜绝灾害或重大事故的发生，提升员工的安全意识，提升灾害或应急事故的能力。

6S 管理所蕴含的真意是培训全员养成整洁的好习惯，借此改善工作环境及安全监控水平。

（3）安全管理工作制度

1）"六微"工作机制

第一，安全责任机制。建设单位、监理和全过程工程咨询、施工总承包、专业分包等参建各方，各自履行职责，明确职责分工，加强自主管理。一是施工总承包单位要开展综合协调，现场分区域明确安全生产主体责任，明确责任分区、责任到人；二是监理和全过程工程咨询履行法定监理职责，及时发现安全隐患，监督执行到位；三是建设单位履行安全生产首要责任，全面管控，监督、检查、引导帮扶到位。

第二，培训教育机制。建立安全生产培训教育台账，进行信息化管理。一是落实全员每日岗前安全教育培训；二是项目经理每周至少一次带班和工人一起培训，开展安全生产风险分析讨论；三是全员参与，按照风险辨识、隐患排查、制定措施、狠抓落实的工作方法建立岗位安全分析制度。

第三，隐患排查机制。每个岗位每天一次安全隐患排查；项目管理人员带队每周一次全面排查；项目经理和总监每两周至少一次全面排查；项目主任带队每月至少一次全面排查。

第四，专题学习机制。安全生产专题学习要避免形式主义，应采用分析讨论方式，组织员工开展案例分析，提升安全意识、安全知识、安全管理能力，学习深圳市建筑工务署项目管理规章制度，学习建筑行业安全生产技术规范和检查标准，学习安全生产法律法规等。施工单位组织全体员工每月 22 日前后至少半天时间进行专题学习；项目管理人员每周至少一次专题研讨学习。

第五，技术管理支撑机制。抓好施工组织设计、专项技术方案落地实施。一要有针对性地制定施工组织设计和专项施工方案；二要履行好相关技术方案的论证审批制度；三要落实作业指导书的编制和培训工作。利用信息化手段，将风险辨识、防范技术措施融入专项技术方案，达到流程化、清单化、可视化，让员工听得懂、学得会、用得上。

第六，奖惩机制。各参建单位要建立自我约束机制，制定安全生产现场评价考核标准，实行严管重罚，提升管理效能。一是施工单位要将制度的落实情况纳入奖惩，奖罚分明、执行到位；二是要侧重过程奖惩，即时激励。

2）"四个"清单

为确保在建工地"三防"相关工作落到实处，深圳市建筑工务署编制了自然灾害天气防范措施"四个清单"——日常预防措施清单、预警措施清单、应急响应措施清单、复工检查要点清单。

第一，日常预防措施清单，即在针对汛期风险辨识与评估的基础上，对控制风险的有效措施逐条列出，对照实施。

第二，预警措施清单，即恶劣天气来袭前，对所有需要予以事先提醒的工作场所、工作岗位、作业活动等事无巨细逐条列出，形成清单，接到气象预警时立即实施。

第三，应急响应措施清单，把应急预案中的分级响应措施条款摘录出来，并结合实际情况列成清单，便于实施。

第四，复工检查要点清单，在防灾抗灾活动结束后，现场的真实作业条件和安全状况已发生变化，在重新开展施工活动前，应按事先拟定的清单逐条对照检查，排查隐患，直至满足安全复工条件。

（4）安全文明标准化施工

根据深圳市建筑工务署打造政府工程 2020 先进建造体系和标准化安全文明工地的相关要求，依据国家现行标准《建设工程施工现场消防安全技术规范》GB 50720、《建筑施工安全检查标准》JGJ 59、《建筑施工高处作业安全技术规范》JGJ 80、《深圳市建设工程安全文明施工十项标准》《建设工程安全文明施工标准》SJG—46 等相关规范、标准以及《政府工程 2020 先进建造体系实施纲要》，在深入调查研究、认真总结行业内相关规范和大量实践经验的基础上，广泛征求意见并反复修改后的基础上编制《安全文明标准化施工 3.0 手册》。该手册适用于深圳市建筑工务署所有在建项目，并作为对各项目现场实施安全文明绩效评估的依据。各有关单位在遵守深圳市住房和建设局发布的《建设工程安全文明施工标准》SJG—46 相关规定的同时，还应执行本手册的要求。

（5）第三方工程巡查机制

为进一步规范深圳市建筑工务署的建设工程管理，落实廉洁、高效、专业、精品的管理目标，提高投资效益，保证工程质量，统一项目质量检查评估的组织、方法、流程和标准，通过全过程检查评估各项目的质量管理状况，消除项目质量风险，提升工程质量管理水平，引入第三方评估单位对在建项目质量风险进行定期或不定期检查评估。通过实测实量工作的实施，推行规范化、标准化、精细化的质量管理方法，夯实质量管理的基础。

（6）履约评价及不良行为记录

1）履约评价

履约评价以国家、省、市有关法律、法规规定以及深圳市建筑工务署有关规定、制度，合同协议书相关条款等为依据，坚持实事求是、客观公正的评价原则，全面、真实地反映合同单位的履约情况。履约评价按周期划分为季度履约评价、阶段履约评价、年度履约评价、最终履约评价。按所处阶段分为前期阶段、建设期阶段、保修阶段。履约评价等级分为优秀、良好、中等、合格、不合格五个等级。当得分率大于或等于 90% 时为优秀；当得分率大于或等于 80%、小于 90% 时为良好；当得分率大于或等于 70%、小于 80% 时为中等；当得分率大于或等于 60%、小于 70% 时为合格；当得分率低于 60% 时为不合格。

履约评价结果运用中，每年度将按合同类型根据年度履约评价结果进行排名，并按相应的管理办法进行结果的运用；单份合同或单位年度履约评价、最终履约评价为优秀的，深圳市建筑工务署发文予以通报表扬。对设计、监理、造价咨询、施工类单份合同年度履约评价、最终履约评价为优秀的，经公示后，深圳市建筑工务署授予"履约评价优秀团队"称号；对设计、监理、造价咨询、施工类履约单位年度履约评价、最终履约评价为优秀的，经公示后，深圳市建筑工务署授予其"履约评价优秀单位"称号牌匾；单份合同季度、年度、最终履约评价为不合格的，经公示后，由直属单位发文予以通报批评，约谈法人代表，并按照《深圳市建筑工务署不良行为记录处理办法》相关规定执行。单位年度履约评价、最终履约评价为不合格的，经公示后，由深圳市建筑工务署机关发文予以通报批评，约谈法人代表，并按照《深圳市建筑工务署不良行为记录处理办法》相关规定执行。如因同一事件已被记不良行为的，不再累加进行处罚。如责任单位已被深圳市建筑工务署记不良行为记录，但其处理事项与引起年度履约评价结果不合格的事项非同一事件的情况除外。

2）不良行为记录

如在建项目的施工单位存在规定的不良行为的，则按照相关处理措施对该施工单位进行处理，具体程序如下：

第一，直属单位项目组提出的初步处理意见，需经直属单位招标领导小组审议且经分管署领导同意后，报深圳市建筑工务署履约评价管理委员会审议。

第二，工程督导处提出的初步处理意见，在征求直属单位意见并经分管署领导同意后，报深圳市建筑工务署履约评价管理委员会审议。

第三，提请不良行为处理事项的依据必须包含独立第三方质量评估或检测机构出具的评估或检测报告；

第四，涉及"书面警告"的不良行为处理事项由深圳市建筑工务署履约评价委员会审定后向署长办公会报备，"书面警告"的处理决定自深圳市建筑工务署履约评价管理委员会通过后生效。其他不良行为处理事项经深圳市建筑工务署履约评价管理委员会审议通过后按程序报署长办公会最终审定。

第五，"书面警告""书面严重警告""一年内拒绝其参与深圳市建筑工务署项目投标"的其他处理程序按照《深圳市建筑工务署不良行为记录处理办法》执行。

2. 全咨单位施工管控措施

（1）网格化管理体制

为进一步落实本项目安全生产管理主体责任，强化"一岗双责"，切实抓好施工现场安全生产管理工作，完善管理机制和框架，建立"横向到边、纵向到底"的安全生产监管网格。网格化管理组织架构及职责如图 4-27 所示，施工现场根据项目各个阶段划分空间网格，明确网格负责人及区域责任人。网格化管理，压实网格员责任，每周对网格员进行考核评价，对每个质量、安全网格员进行点评，指出其本周存在的问题及工作亮点，根据每周考核情况汇总每月月度考核评价，月底根据考核评价进行奖励，提高网格员的工作积极性。月底考核评价作为总承包单位履约评价的依据。

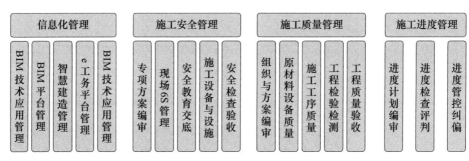

图 4-27 项目分层网格化管理组织架构

（2）"四组一制"质量安全管控模式

根据本项目实际情况，建立"四组一制"质量安全管控模式。"四组"为成立一个"重大隐患整改小组"，对发现的隐患立即进行整改落实；成立一个"违章作业纠察小组"，针对人的不安全行为，及时制止，管理责任下沉到分包单位，配套奖惩措施要执行到位；成立一个"6S 专项管理小组"，按 6S 管理标准持续改善现场文明施工与工作环境；成立一个"技术审核把关小组"，重点对危险性较大的分部分项工程（以下简称危大工程）技术方案、安全技术交底、作业指导书进行审核把关，贯彻落实；"一制"为建立以网格化责任制为基础的"楼栋长制"，确保项目所有区域、工段、工区、楼栋、楼层等物理空间的质量安全隐患问题及 6S 管理问题有专人负责监管、专人负责整改落实。哈尔滨工业大学（深圳）国际设计学院项目"四组一制"质量安全管控模式如下：

1）重大隐患整改小组

重大隐患整改小组由总监理工程师、项目经理、安全总监代表、安全主任、技术总工构成，主要工作为对现场发现的隐患立即整改落实。

2）违章作业纠察小组

违章作业纠察小组由安全总监代表、项目经理、技术总工、总监代表、安监部经理、安全工程师、机械工程师、电工组成。纠察内容主要包括三个方面：第一，现场作业人员佩戴安全帽、安全带等安全防护用品情况，发现未按要求配备安全防护用品等，应立即责令纠正；第二，施工作业面安全防护情况和危大工程作业安全措施落实情况；第三，被安全监督机构责令整改内容的整改落实情况。

现场纠察时发现安全隐患后，应立即通知项目部相关责任人整改并复查，对不能当天消除的隐患，要建立隐患台账，指定专人跟踪整改，整改未落实的，不得进行下一步工序；对于发现的重大安全隐患，及时向项目部、企业安全生产管理负责人或安全监督机构报告。

3）6S 专项管理小组

6S 专项管理小组由总监代表、项目经理、技术总工、工程技术部经理、安监部经理、分包安全员、施工员组成，工作职责为按 6S 管理标准持续改善现场文明施工与工作环境。

4）技术审核把关小组

技术审核把关小组由技术负责人、项目经理、技术总工、安全总监代表、技术部经理、技术工程师组成，工作职责为负责对危大工程技术方案进行审核，必要时组织专家论证；负责做好安全技术交底工作并彻底落实；负责编制作业指导书并指导现场实施。

上述四组小组组员结合本项目的检查机制，每周一、三、五应对现场进行日常巡检及不定期组织安全专项检查，制止违章作业、落实现场 6S 管理；组长应当每周至少深入现场三次，跟踪检查有关防范和监控措施落实情况，及时掌握重大事故隐患整改进度，督促有关隐患小组责任人落实各项防范措施，严格按整改方案对重大事故隐患进行治理，彻底消除重大事故隐患。

"四组一制"实施制度的建立，帮助项目管理人员掌握了更加满足深圳市建筑工务署的质量安全管理思维，用科学的方法掌握管理要领，是对现场质量安全管理水平的又一次提升，各参建单位将砥砺前行，继续为哈工大项目打造精品工程而奋斗，助推深圳市建筑工务署工程的高质量发展。

（3）循环检查机制

每周循环检查机制如图 4-28 所示：周一，总承包施工质量安全自检；周二，总承包设计巡检；周三，全咨单位组织质量安全周检；周四，安全专项检查；周五，项目组组织质量安全联合检查。为进一步促进现场网格化落地，建立项目质量安全督导机制，每周三项目周联合检查，组织召开问题督导复盘会，参加人员包括全咨、总分包、劳务各方管理人员及网格员，督导复盘会目的是以会代训、原因分析、任务分派、责任到人。

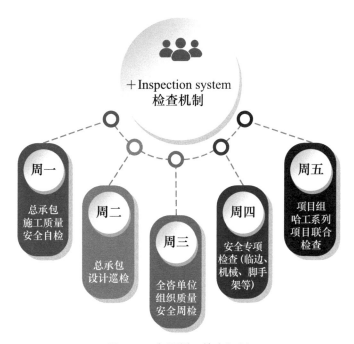

图 4-28 每周循环检查机制

根据每周三周检和其他检查发现的问题编制《质量周检问题导向落实清单》

和《安全周检问题导向落实清单》，清单包括产生原因、危害后果、整改措施、完成时限、岗位责任人等，清单上包括问题照片和整改照片。

通过形成"问题导向落实清单"，总承包对劳务作业班组进行再教育和技术交底，同时按照清单责任要求督导整改，形成劳务—分包—总包—监理整体网格链条的责任落地机制。

（4）可视化管理机制

利用微信平台、e 工务平台等信息平台实施可视化管理机制，做到各功能区域可视化管理，即基本内容可视化、管理责任可视化、使用状态可视化。

1）微信平台

项目监理部内部微信群，参群人员由现场监理部全体人员组成；项目参建方微信群，参群人员由监理部主要人员、建设单位主要人员、设计单位主要人员、施工单位主要人员及其他有关方面人员组成。项目参建方微信群要求在第一次工地会议召开后 10 天内建立，过程中根据项目参建各方的变化情况动态完善。

2）e 工务平台

每天将现场存在的质量、安全问题，上传 e 工务平台（图 4-29），附上问题部位、问题概述、图片、整改期限等，施工单位在整改期限内完成整改，监理工程师进行复核，每个上传问题进行闭环管理。

图 4-29　深圳市建筑工务署信息管理平台

（5）考核评价机制

每周全咨单位对总承包管理人员进行周考核，并于每月最后一周进行月度考核总结，考核分为质量、安全两类，考核评价分为 A、B、C、D 4 个等级。评价为 A（优秀），会上表扬，现金奖励；评价为 D（不合格），会上批评，严重的会后约谈。

每月根据周检、第三方巡检及上级部门检查情况及其他情况对总承包单位进行月度考核，考核结果作为对总承包单位每季度履约评价的依据。

3. EPC 总承包单位施工管控措施

（1）设计—施工融合

在施工阶段，设计部通过设计交底、施工组织设计、设计师施工巡查、竣工验收等实现前端指导后端的目的（图 4-30）。在设计牵头 EPC 项目管理模式运行机制下，有效解决了项目建造全过程中前端（设计）与后端（施工）相互割裂，从而导致品质下降、工期滞后、投资失控等问题，实现了技术管理的充分融合，进而达到高质量建造的目的。

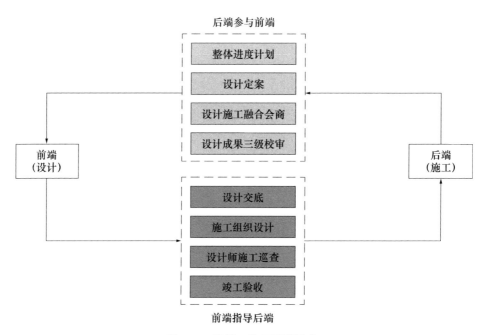

图 4-30　设计—施工深度融合

为实现项目高质量设计—施工深度融合创新发展理念，提升施工质量，EPC 总承包单位由设计技术部门牵头集中组织总承包各部门、各分包技术人员每周对施工图纸进行读图、复核、审查，根据施工进度计划预判下周施工内容，制定与施工进度计划相匹配的看图范围及内容，同时由驻场设计师针对下周即将施工的区域进行简短设计交底和图纸会审（图 4-31）。通过熟悉下周施工范围内的各专业图纸，提前制定对应的安全、质量保障措施。各部门、各分包就图纸疑问及解决措施在会上共同讨论、交流，现场施工前快速形成决策措施，会上各部门积极交流、探讨，导师带徒弟共同学习、共同进步，为现场施工高质量、高速度建设推进保驾护航。

（a）　　　　　　　　　　　　　　（b）

（c）　　　　　　　　　　　　　　（d）

图 4-31　融合图审会

（a）融合图纸校审会；（b）每周看图会；（c）驻场设计师每周设计交底及图纸会审；（d）现场审核

（2）网格化管理制度

自开工初期，项目经过多轮讨论，建立并完善了《网格化管理制度》，成立网格化管理领导小组和工作小组。管理上形成从项目负责人→区域负责人→网格员的三级管理体系（图 4-32）。网格员对网格内安全生产、技术质量管理负直接责任。

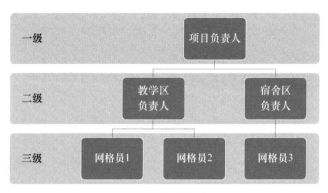

图 4-32　三级管理体系

1）平面网格化管理

主要适用于项目基础施工阶段，现场平面布置图依据月度/季度形象进度实际情况进行更新划分网格，阶段场地布置图上明确各堆场、加工场、仓库、功能区、茶烟亭、主要道路、人车分流路线等，功能区域之间以明显的围栏、硬质隔离等措施进行分隔，并以不同的颜色进行标记，其中涉及禁行、禁停、限速、警示等内容的，应以醒目对比色进行标识。各责任区域配套相应网格员进行监管，区域内在显眼位置明确网格员安全、质量管理职责。涉及场地已移交分包的，应明确分包责任人。

2）空间网格化管理

主要适用于项目主体施工阶段，按立体空间划分网格，如地下室施工阶段，每一层划分为一个网格，标准层以上的施工阶段，每三层划分为一个网格。化整为零，加强精细化、网格化管理。

3）时间网格化管理

项目每日排值班表，由一名领导班子成员以及两名管理员负责值班，保证在非作业时间也有专人值班处理突发异常情况，确保管理无真空时间段。

4）人员网格化管理

项目针对不同岗位进行岗位风险分析，并组织不同工种进行有针对性的教育培训。每日班前教育按照工作内容，区分不同工种/班组，如木工班组和钢筋班组分开，进行有针对性的班前教育。每日各班组在指定位置按照计划时间开展早班会，值班管理员监督。项目部分批次组织工人进行产业化培训，成立 6S 小分队。

（3）"三预" BIM 管理机制

制定项目和各级分包的 BIM 实施方案，并充分利用 C8BIM 协同管理平台优势，以 BIM 技术为纽带，围绕总承包管理做了风光环境模拟、陶棍常态化、室内人工照明分析模拟、钢结构、幕墙等实践应用。

项目利用 BIM 技术进行（全专业深化）提前发现各专业碰撞问题约 6000 多条，通过 BIM 技术的模拟应用为推动工程进度扫清了大量的障碍，为加快工程进度提供了有力的支撑。

在施工流程和工艺模拟方面，利用 BIM 技术进行了大量的前期模拟，解决了总评、场布、4D 施工进度、跳仓法工序模拟、钢筋节点管控和虚拟质量样板等问题。

在创新应用方面，项目创新使用 3D 混凝土打印与快速装配技术解决了项目中的大跨度清水螺旋楼梯，结合 BIM 手段进行三维模型创建，采用 Abaqus 软件进行各项受力分析检查，楼梯的约束条件为两端固接，并使用 EMBED 功能将钢筋植入混凝土。根据检查结果进行施工图调整，以完善最终的施工图纸，在施工落地中进行异形模壳设计，设计过程中充分考虑 3D 打印、现场施工的条件预留，并预先布置好体内钢筋；模拟拼装预制模壳，根据拼缝位置布置，形成稳定的支承体系。用科技和创新解决项目一大难点。

以建筑信息模型 BIM 为中心，创建基于 BIM 的 EPC 项目信息集成管理运行模式，通过设计标准化、采购精准化、施工精细化及管理信息化，提升 EPC 项目的技术含量和项目参与各方的协同效率，实现项目增值。

（4）奖罚考核机制

为了严明工作纪律、提高工作效率，项目制定了网格员考核、"网格标兵"

评选制度，每月评选网格员的前三名作为"网格之星"，考核依据来自日常管理、第三方检查结果、质安站检查结果，对外部检查中扣分项涉及的网格对相应网格员进行扣分。每季度评选"季度之星"，年度评选先进工作者（图 4-33）。

图 4-33 先进工作者获得者

（5）培训提升

每周项目联合监理单位开展周检查，检查结束组织安全质量督导会暨网格员培训会，所有网格员参加会议，会上就近期施工现场存在的突出问题、质安站和第三方检查提出的问题进行深入剖析，从原因分析、整改措施及责任人、预防措施等方面着手对网格员进行培训，提升网格员业务能力与管理水平，培训以后进行随堂测试巩固；总承包单位组织项目例会，由项目经理组织项目所有管理员学习规范、手册，丰富网格员及其他项目管理员的理论知识和业务水平；项目更有幸邀请到深圳市建筑工务署第三方检查机构专家为项目做专项提升培训（图 4-34）。

4. 项目施工管控成效

通过实施网格化管理制度等施工管理措施，施工过程中责任人的管理职责明确，人人参与管理，事事有人管，项目现场安全质量管理、6S 管理均有了质的提升（图 4-35、图 4-36）。

（a）　　　　　　　　　　　　（b）

（c）　　　　　　　　　　　　（d）

图 4-34　培训学习提升机制

（a）安全质量督导会；（b）总承包项目部组织内部学习；
（c）BV 专家到项目部做专项提升培训；（d）专项培训活动

图 4-35　项目现场 6S 管理

图 4-36　项目安全管理亮点

在深圳市建筑工务署第三方检查中排名稳中提升，同时本项目也被质安站
列为优秀项目推广（图 4-37）。

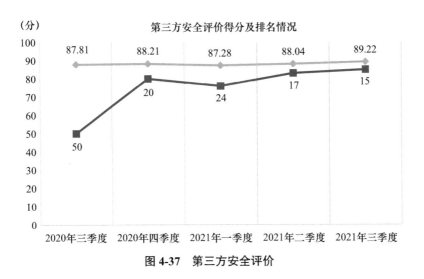

图 4-37 第三方安全评价

五、BIM 技术奖项

BIM 技术是本项目建设管理中非常重要的技术。通过以建筑信息模型 BIM 为中心，创建基于 BIM 的 EPC 项目信息集成管理运行模式，通过设计标准化、采购精准化、施工精细化及管理信息化，提升了 EPC 项目的技术含量和项目参与各方的协同效率，实现项目增值。通过 BIM 技术编制完成基于 BIM 的项目机电深化设计手册，形成一套可复制推广的标准化机电安装深化设计管理实施手册，完成 BIM 标准库建设，形成 BIM 构件库管理标准和 BIM 构件编码标准两项标准文件。同时，本项目还获得一系列 BIM 技术应用奖项，助推了 BIM 在建造中的应用，并为行业提供参考。

项目组荣获澳门建筑资讯模型协会、香港建筑信息模拟学会、粤港澳大湾区城市建筑学会（香港）主办的第二届"智建杯"国际智慧建造创新应用大赛"设计组金奖"（图 4-38）。

项目组荣获英国皇家特许测量师学会（RICS）、英国皇家特许建造学会（CIOB）、广东省城市建筑学会（GUAS）主办的第三届"SMART BIM"智建 BIM 大赛"设计组一等奖"与"施工组一等奖"（图 4-39）。

图 4-38　第二届"智建杯"国际智慧建造创新应用大赛"设计组金奖"

图 4-39　第三届"SMART BIM"智建 BIM 大赛一等奖

项目组荣获中国图学学会主办的第十一届"龙图杯"全国 BIM 大赛"综合组优秀奖"，第十届"龙图杯"全国 BIM 大赛"设计组二等奖"（图 4-40）。

图 4-40　"龙图杯"全国 BIM 大赛奖项

项目组荣获中国勘察设计协会主办的第十二届"创新杯"建筑信息模型（BIM）应用大赛"科研办公类 BIM 应用二等成果"奖（图 4-41）。

图 4-41　第十二届"创新杯"建筑信息模型（BIM）应用大赛奖项

项目组荣获工业和信息化部人才交流中心主办的第五届"优路杯"全国 BIM 技术大赛"工业与民用建筑设计银奖"（图 4-42）。

项目组荣获中国技术创业协会技术创新工作委员会主办的"共创杯"第三届智能建造技术创新大赛设计组一等奖与综合创新组二等奖等多个奖项（图 4-43）。

图 4-42 第五届"优路杯"全国 BIM 技术大赛奖项

图 4-43 第三届"共创杯"智能建造技术创新大赛奖项

第五章　哈工大项目设计牵头 EPC 建设管理模式经验

哈尔滨工业大学深圳国际设计学院项目是深圳市建筑工务署依据自身项目的特点，践行 EPC 总承包模式先进理念，提出实施以设计牵头的"设计—施工"总承包模式，同时也是深圳市建筑工务署与深圳市住房和建设局"建筑师负责制"重要试点项目。即本项目是深圳市首个"设计单位牵头的工程总承包（EPC）＋建筑师负责制"试点项目。项目采用以方案设计为条件的设计牵头 EPC 工程总承包，实行设计牵头 EPC ＋强设计管理全过程工程咨询的建管模式。通过设计牵头 EPC 统一权责，在设计技术的主导下打通设计和施工各个环节，提升建设质量；通过强设计管理全过程工程咨询，增强建设单位对于设计、投资的管控能力，降低因设计与施工融为一体后可能出现的管理风险。项目力求通过工程建设组织模式的试点创新，促进设计与施工的深度融合，充分发挥设计技术对于进度、质量、安全、投资的主导作用，形成可借鉴、可复制、可推广的模式，助力深圳市先行示范区深化改革工作，助力国内建筑业持续健康发展。哈工大项目采用设计牵头 EPC 建设管理模式具有以下经验。

一、创新组织架构，发挥"设计"主导作用

1. 建立协同一体化设计研究工作组

工程项目设计包含方案设计、技术设计（初步设计）、施工深化设计和调适提升设计。哈工大项目由法国 A234 建筑师深度参与概念设计、方案设计，并对初步设计、施工图设计图纸进行审核，对施工阶段进行方案落地控制，直至项目完成；广东省建筑设计研究院有限公司建筑师深度参与方案设计、建筑初

步设计，并对初步设计、施工图设计图纸进行审核，对施工阶段进行方案落地控制，直至项目完成；中建西南院建筑师根据设计方案，进行初步设计和施工图设计，全面参与本项目的设计、施工管理工作，对工程的质量、安全、进度、投资等方面进行管控。工程设计全过程的协同工作是一个"巨系统"，为统筹多家设计单位参与的"巨系统"，在方案设计及建筑初步设计阶段，由设计团队集合各方面团队的擅长点，建立了哈工大项目一体化设计研究工作组，以便全面指导本项目的设计工作开展。

研究工作组采取阶段性会议交流及评审制度，全面深入地分析讨论设计方案。会议交流邀请哈尔滨工业大学校方参与会议，通过校方在该阶段对校园文化符号、校园心理环境、生理需求以及校园管理过程中积累的宝贵经验等方面提供的建议与意见，确保方案深化过程中保证功能、室内外空间、效果、心理及生理等关键品质设计；通过评审制度，建立设计方与建设方、使用方的工作互信，在设计推进工作中，针对方案设计、初步设计的设计流程及节点控制要求进行事先梳理、系统铺排，增加各方互信，良性推动项目设计深化。

2. 建立类 SPV 融合一体化项目部

本项目采用设计牵头的"设计—施工"总承包模式，由中建西南院和中建八局组成联合体。在联合体模式下，设计单位与施工单位在企业文化、项目目标与分配体制之间的差异导致经常出现"两张皮"问题。本项目由设计单位（中建西南院）主导，采用了类 SPV 项目公司的项目管理运行模式，由设计单位（中建西南院）与施工单位（中建八局）按照"目标一致、优势互补"的原则共同组建了类 SPV 融合一体化项目部，并采用同一套制度流程进行管理、考核，形成"统一指挥"的组织构架。设计单位（中建西南院）与施工单位（中建八局）共同对融合项目部下达各项指标，并对融合项目部管理人员采用同工同酬的薪酬机制，促使各级人员共同朝着项目目标努力，形成合力。实践证明，采用融合项目部能有效促进设计施工技术的深度融合，有效解决了目前行业施工牵头EPC "两张皮"的常见问题，既能让设计单位对建设全过程进行有效管控，避免出现"小马拉大车"的问题，又能促使设计与施工深度融合，充分发挥设计牵头作用，体现设计施工一体化的优势，为高质量完成质量、安全、进度、投资目标提供了组织保障。

3. 搭建强设计管理的全咨团队

在实际"设计—施工"联合体 EPC 工程项目中，由于联合体企业对设计技术的主导作用认识不深，使设计技术作为工程总承包的主导作用未能得到充分发挥。一方面，本项目搭建以设计为核心、建筑师为主导的全过程工程咨询项目组织架构；另一方面，为充分体现全过程工程咨询模式的管理实效和专业优势，将全咨项目管理团队与现场监理团队分组融入建设单位的管理团队，实施扁平化综合管理。强设计管理的全咨团队有助于在项目策划阶段将设计技术作为主导设计、采购、施工的主要因素进行策划，通过利用全咨单位及 EPC 总承包单位的设计技术优势，提高有限投资的性价比，特别是在提升品质与投资控制方面。如建设需求及标准在 EPC 发包时未具体明确的部分，在实施过程中需利用全咨单位及 EPC 总承包单位的设计技术优势，提高有限投资的性价比，实现设计技术的创效。

二、创设驻场机制，发挥建筑师能动性

1. 建筑师负责制

在深圳市建筑工务署体制下，根据 EPC 发包阶段可分为立项后发包、方案后发包及初步设计后发包三种情况。哈工大项目采用方案后发包，为使 EPC 发包时的建设标准更为明确，本项目在发包前完成了建筑专业的初步设计，即由前期设计单位完成方案设计及建筑专业的初步设计，由 EPC 总承包单位完成除建筑专业外的初步设计及全专业的施工图设计。前者主要负责方案效果、主要业态功能及建设规模，后者主要负责原创效果的延续落地、建设进度、质量、安全及投资，两者权责及实施界面清晰。

深圳市建筑工务署体制下的 EPC 发包模式可分为独立法人承接、独立法人联合设计单位及施工单位承接、设计单位牵头承接以及施工单位牵头承接四种。本项目采用设计单位牵头的"设计—施工"联合体承接 EPC 模式，并规定在 EPC 实施阶段实行建筑师负责制，由项目设计负责人牵头组建驻场建筑师团队，明确驻场建筑师团队的职责，赋予驻场建筑师团队在合同履约全过程的话语权，保证其能够对设计、采购、施工进行有效地统筹管理，确保全过程负责制能够真正落地。在设计牵头工程总承包模式下，中建西南院（牵头单位）获得了部分工程利润的分配权，有费用支持建筑师完成职责约定工作内容，并且建筑师履行职责过程中对项目建设服务有增值作用，建筑师对工期、成本带来的增值服务也会取得考核和绩效分配。其通过建立科学的薪酬激励机制，积极调动建筑师团队的主观能动性，在设计优化、造价控制、采购管理、施工监造等方面充分发挥设计的主导作用，体现了设计牵头工程总承包模式＋建筑师负责制的优势。

2. 设计部牵头的统筹机制

在设计牵头 EPC 的组织模式下，以融合一体化项目部作为基本架构，在涉及设计与施工融合的各类事项中，建立以设计部为技术管理核心，工程技术部、安全管理部、质量管理部及商务管理部等多部门协同的工作机制。落实"以设计技术为主导"的理念，从项目部的运行管理层面建立由设计部牵头的统筹机制，即设计部作为"带头大哥"，在项目建造的全生命周期对进度（包括设计进度、施工进度、招标采购进度）、质量（包括设计效果、图纸质量、施工质量）、安全（包括主动安全设计）以及投资进行整体统筹并对项目管理层提供各项决策的技术支撑，从而最大限度地发挥设计作为龙头给项目整体带来的增值价值。

3. 建筑师驻场工作制

本项目创新采用驻场设计方式，即专业设计师驻场完成设计及后续服务工作，打破设计与施工长期以来在时间、空间上的壁垒。驻场设计分为两大阶段，一是在设计阶段，即派驻相关专业设计师在现场进行设计方案沟通、现场勘察，完成图纸、会商校审等工作；二是在设计后的技术交底及施工阶段，即设计师参与现场管控，提供技术支撑并完成必要的变更设计。通过建筑师驻场工作制度，一方面使项目商务及施工版块能够在设计阶段全过程深度参与设计优化、图纸校审等工作；另一方面专业设计师可在施工及验收阶段及时提供技术支撑，保障设计效果在工程成果中的充分体现。施工图出图前跨专业、跨部门综合校对，与工程技术部、商务管理部、安全管理部、质量管理部及专业分包进行综合校对，减少因设计施工割裂而导致的问题，提高设计成果的质量、进度、安全、投资可控性。

三、利用信息技术，提高沟通协作效率

1. 可视化管理平台

本项目参与方多，涉及建设单位、全咨单位、设计施工总承包单位、造价咨询单位、前期设计单位、前期设计管理单位、勘察单位、第三方巡查单位、检测监测单位及甲指分包单位等。一旦项目各参与方之间的数据沟通、协作受阻，就容易形成一个个"信息孤岛"，甚至会拖慢整个项目进度。项目管理者与参与者通常会用微信、电话、电子邮件来沟通和传输文件，协作平台不统一，项目信息分散在各平台、各参与者手里，信息数据容易分散或丢失，协作效率低下。因此，项目利用微信平台、e 工务平台等信息平台实施可视化管理，各功能区域应做到可视化管理，即基本内容可视化、管理责任可视化、使用状态可视化，避免了"信息孤岛"的问题，同时实现了信息的闭环管理与动态更新。

2. 基于 BIM 的 EPC 项目信息集成管理

在 BIM 技术应用上，由于设计单位与施工单位信息表达的侧重不同以及维护市场公平竞争性的行业规定制约，设计单位无法参与后续工程的招标、投标，而各厂家对材料、设备的规格、参数常常存在较大的差异化，造成设计阶段

BIM 应用模型和施工阶段 BIM 应用模型存在割裂、传递使用困难的情况。设计牵头 EPC 建管模式下极大地加强了设计、采购与施工的协调，避免了模型应用的阶段性传递问题，使 BIM 模型应用在采购前置的基础上可以极好地从设计阶段沿用至施工阶段。

本项目以建筑信息模型 BIM 为中心，创建基于 BIM 的 EPC 项目信息集成管理运行模式，通过设计标准化、采购精准化、施工精细化及管理信息化，提升 EPC 项目的技术含量和项目参与各方的协同效率，实现项目增值。在开工之初创新建立 EPC 融合管理团队，并确立了"三预"BIM 管理流程。同时制定项目和各级分包的 BIM 实施方案，并充分利用 BIM 协同管理平台的优势，以 BIM 技术为纽带，围绕工程总承包管理做了风光环境模拟、陶棍常态化、室内人工照明分析模拟、钢结构、幕墙等实践应用。项目利用 BIM 技术进行全专业深化，提前发现各专业碰撞问题 6000 多条，通过 BIM 技术的模拟应用为推动工程进度扫清了大量的障碍，为加快工程进度提供了有力的支撑。在施工流程和工艺模拟方面，利用 BIM 技术进行了大量的前期模拟，解决了总评、场布、4D 施工进度、跳仓法工序模拟、钢筋节点管控和虚拟质量样板等问题，用科技和创新解决项目的难点问题。

四、理论实践结合，研究助力项目实施

本项目为试点项目，理论与实践均不能为本项目开展提供完全支撑。为保障哈工大项目 EPC 建设管理实践工作的顺利开展，创新式的课题研究与项目实践并行开展。围绕"设计牵头 EPC 建设管理模式＋建筑师负责制"，以及结合哈工大项目 EPC 工程总承包的需求与特征，确定了以"设计牵头 EPC 建设管理模式研究"的研究选题。研究旨在通过哈工大项目的 EPC 工程总承包实践，通过理论研究与实践探索相结合，探索设计牵头 EPC 建设管理模式下如何发挥建筑师负责制的优势，如何让"设计—施工"真正融合等问题。为了保证研究的顺序进行，通过与高校（浙江财经大学）合作，建设单位（深圳市建筑工务

署）、EPC 单位（中建西南院、中建八局）、全过程咨询单位（浙江五洲工程项目管理有限公司、杭州千城建筑设计集团股份有限公司）深度参与，理论与实践相结合，提炼总结项目成功经验。课题组成员在项目服务过程中积极推进研究成果的实施转化，为其他类似项目积累经验并提供借鉴。

五、利用党建引领，发挥凝心聚力作用

在中共深圳市建筑工务署直属机关党委的支持和指导下成立了哈工大项目群临时党支部。党支部通过深入贯彻新时代党的建设总要求，主动探索党建工作新模式，协同各参建单位，增强全员的向心力、凝聚力和战斗力。通过采用党组架构和纪检架构"双架构"的组织形式，设立围绕以"项目建设为中心"和"以人民为中心"的双中心责任制度，开展以"党建＋"为形式的"双目标"的党建活动，使党建工作成为工程建设的"导航仪"。如党支部在项目建设关键节点推进和关键技术攻克等方面发挥了重要作用。按子项目成立项目党员小组，利用党组织的力量，积极开展党的先进思想学习和各种活动，充分发挥党员先锋模范作用。通过设立党员示范岗树立项目集群工作标杆，鼓励大家对标先进。通过宣传党员优秀工作事迹带动项目集群其他岗位成员向优秀者学习。党员主动承担攻坚克难的工作任务，成为项目集群工作的"排头兵"。

参考文献

［1］郑晓晓，刘伊生，时颖．基于 DEA 模型的北京市建筑业生产效率评价［J］．北京交通大学学报（社会科学版），2017，16（2）：76-84.

［2］肖艳青，庞永师，郭家印，等．基于 DEA 模型的我国各省区建筑业生产效率评价［J］．广州建筑，2018，46（5）：39-48.

［3］王卓甫，简迎辉．工程项目管理模式及其创新［M］．北京：中国水利水电出版社，2006.

［4］丁继勇，林欣，杨志勇．业主采用工程总承包应关注的几个问题［J］．项目管理评论，2022（6）：66-71.

［5］王铁钢．EPC 总承包模式实施效果评价与对策［J］．华侨大学学报：自然科学版，2017，38（2）：169-174.

［6］曹嘉明，姚远．对设计企业开展设计施工一体化总承包（EPC）的研究和建议［J］．中国勘察设计，2009，10：30-33.

［7］丁烈云，赵雪锋．工程总承包模式的核心竞争力"悖论"［J］．建筑经济，2004（11）：36-40.

［8］范成伟，明杏芬．建设法规［M］．上海：同济大学出版社，2017.

［9］康召泽．施工方牵头的设计施工总承包项目实施模式研究［D］．长沙：中南大学，2014.

［10］汪文忠．工程总承包——大型施工企业发展的必然趋势［J］．建筑，2004（9）：28-31.

［11］张东成，强茂山，温祺，夏冰清，安楠，郑俊萍．浅析工程总承包模式的国际发展与实践绩效［J］．水电与抽水蓄能，2018，4（6）：35-40.

［12］夏波．DB 模式应用的问题与对策研究［D］．杭州：浙江大学，2006.

［13］胡德银．我国工程项目管理和工程总承包发展现状与展望［J］．中国工程咨询，2003（2）：10-18.

［14］陈庆华．工程总承包模式中业主方管理研究［D］．南京：东南大学，2005.

［15］郑阳. 工程总承包模式下设计院的现状及发展［J］. 福建建筑，2021（5）：109-112.

［16］中国建设业协会工程项目管理委员会，工程建筑第八工程局. 工程总承包项目管理实务指南［M］. 北京：中国建筑工业出版社，2006.

［17］胡晓军，黄志平. 设计施工总承包（DB）与传统承包模式比较研究［J］. 技术经济与管理研究，2006（2）：67-68.

［18］康召泽. 施工方牵头的设计施工总承包项目实施模式研究［D］. 长沙：中南大学，2014.

［19］高坤俊. 浅析 EP 总承包模式管理［J］. 中国石油大学学报（社会科学版）. 2008，24（6）：31-33.

［20］吴刚. PC 总承包建设模式在工程建设中的应用［J］. 当代化工. 2009，38（1）：83-85.

［21］杨钰婷，张积林，叶丽诗. 我国 EPC 工程总承包模式发展 SWOT 分析与未来审视［J］. 福建建筑，2021（4）：122-125.

［22］蔡广毡，徐仲平. EPC 总承包模式与传统模式比较分析——基于交易成本理论［J］. 建筑经济，2013（10）：59-61.

［23］赵艳华，窦艳杰. D-B 模式与 EPC 模式的比较研究［J］. 建筑经济，2007（S1）：79-82.

［24］胡德银. 论设计，施工平行承包与 D-B/EPC 模式总承包——兼论设计，施工单位向工程公司转变的必要性和运作建议［J］. 建筑经济，2003（9）：7-11.

［25］石林林，丰景春. DB 模式与 EPC 模式的对比研究［J］. 工程管理学报，2014，28（6）：81-85.

［26］吴蓓. 我国发展 EPC 模式存在的问题及对策研究［J］. 江苏建筑，2008（1）：71-73.

［27］廖成泉，李剑锋，罗赤宇，杨远哲. 设计与施工牵头工程总承包的优劣对比思考［J］. 建筑设计管理，2021，38（8）：34-38.

［28］汪凯，禇新伦，王正. 设计牵头的工程总承包模式中的设计管理研究［J］. 建筑经济，2018，39（9）：31-34.

［29］黄鲁平. 大特型施工单位实施 EPC 工程总承包模式研究［D］. 福州：福建工程学院，2019.

［30］陈悦，陈超美. 引文空间分析原理与应用［M］. 北京：科学出版社，2014.

［31］侯海燕. 科学计量学知识图谱［M］. 大连：大连理工大学出版社，2008.

［32］马亮，肖忆，陈国栋，朱俊. 我国工程总承包领域研究文献综述［J］. 土木工程与管理学报，2019，36（1）：83-89.

［33］雷斌. EPC 模式下总承包商精细化管理体系构建研究［D］. 重庆：重庆交通大学，2013.

［34］陈志华，于海丰. EPC 总承包项目风险管理研究［J］. 建筑经济，2006（S2）：89-91.

［35］刘东海，宋洪兰. 面向总承包商的水电 EPC 项目成本风险分析［J］. 管理工程学报，2012，26（4）：119-126.

［36］刘光忱，孙磊，赵曼. 基于 EPC 模式下总承包商项目风险管理研究［J］. 沈阳建筑大学学报（社会科学版），2012，14（1）：32-37.

［37］高慧，王宗军. EPC 模式下总承包商风险防范研究［J］. 工程管理学报，2016（1）：114-119.

［38］何凯，卢胜. EPC 模式下项目融资风险管理研究［J］. 工程管理学报，2016（3）：138-142.

［39］段永辉，张越，郭一斌，等. 基于知识图谱的 EPC 项目风险管理研究文献计量分析［J］. 土木工程与管理学报，2021，38（1）：58-65.

［40］赵鹏，武战国，于志新，等. EPC 总承包设计施工一体化管理常见问题与对策［J］. 施工技术，2020（S1）：1429-1431.